数字电子技术教学研究与案例

唐彰国 刘 莉 张 健 著

科学出版社

北 京

内 容 简 介

本书分为四部分：第一部分提出数字电子技术课程“以学生为中心”的能力模型及面向学生思维要素建构的教学方案；第二部分从知识的角度对教材及学习资源进行全方位视角的研究，提出课程内容的多维重构方法；第三部分面向教师的教学知识基于TPACK框架对数字电子技术的教法进行体系化研究，形成体系化的教法“菜单”及知识点的“烹饪手法”；第四部分从实践的角度出发，面向学生思维要素建构对数字电子技术核心知识点的参考教法进行案例化研究，以期启发数字电子技术知识点探究与建构的方法和艺术。

本书理论与案例结合，科研与教学融合，系统全面，深入浅出，可操作性强。既可供从事数字电子技术相关课程教学的一线教师使用，或作为高等院校电子、通信、计算机相关专业本科生、研究生的课外读物及自学参考书，也可作为从事教学理论或教师继续教育研究者的参考读物。

图书在版编目(CIP)数据

数字电子技术教学研究与案例 / 唐彰国，刘莉，张健著. — 北京：科学出版社，2017.10(2019.2 重印)

ISBN 978-7-03-052816-2

Ⅰ.①数… Ⅱ.①唐… ②刘… ③张… Ⅲ.①数字电路-电子技术-教学研究 Ⅳ.①TN79

中国版本图书馆 CIP 数据核字（2017）第 107584 号

责任编辑：张 展 李小锐 / 责任校对：韩雨舟

责任印制：罗 科 / 封面设计：墨创文化

科学出版社出版

北京东黄城根北街16号

邮政编码：100717

http://www.sciencep.com

四川煤田地质制图印刷厂印刷

科学出版社发行 各地新华书店经销

*

2017 年 10 月第 一 版 开本：B5（720×1000）

2019 年 2 月第二次印刷 印张：11 3/4

字数：271 千字

定价：89.00 元

（如有印装质量问题，我社负责调换）

前　言

当前，面向教师的教学能力将学科教学知识作为课题加以研究是相对缺乏的，而传统学科教育与教师教育相互分离的教育体制使得对教师教学能力的培养存在先天的不足，无论从学生中心、知识中心、评价中心还是双主体中心等角度观察，教师在针对具体学科的教学理论、教学技能的课题成果、学习机会、学习资源都还不够，而针对大学专业课如数字电子技术的学科教学知识更是匮乏，目前也尚未见到有专门的相关学术专著公开发表。为落实教育界关于探索教材改革与创新教法新思路的精神，切实提高教学质量，应结合具体课程从理论及实践两个维度系统研究“以学生为中心、以教师为主导”的教学理念及其在学科中的具体实施方法，为此，作者将多年来的教学实践、参赛经验以及科研成果编著成册，抛砖引玉，供读者及同行交流。

本书注重并强调教育活动“教与学”、“教师与学生”协同进化的思想，以系统的视角整合数字电子技术的学科思维方式、知识认知矩阵以及教师的学科教学知识。以学生为认知主体，从人的存在方式的高度着眼于学生思维能力的塑造以实现“以学生为中心”的理念及目标，并以学科的知识、语言、方法、情感及观念为载体进行思维方式的全维度建构；“以教师为主导”的教学能力界定为教师的学科教学知识，教师通过整合教学知识、内容知识、技术知识以及学生知识等，形成体系化的学科教法“菜单”，进而从方法论上提炼并创造出有教师自我特色的知识点“烹饪手法”。“教”、“学”的理论融合、模型融合、知识融合共同实现“教学相长”的协同繁荣。

全书分为四个篇章 9 个章节，将理论与案例相结合、科研与教学相融合，对《数字电子技术》课程的教学思考、教材研究、教法探索、知识点精髓以及部分典型教学案例进行了详细的阐述，系统全面，深入浅出，可操作性强。

第零篇为绪论篇：总结当前数字电子技术教学存在的一些共性问题，探讨“以学生为中心”的教学理念在数字电子技术课程的实践方法及方案，提出一种面向学生思维要素建构的教学模型，统领全书。

第一篇为教材篇：对中外教材的整体构思和写作风格进行详细的对比研究，找出各教材对知识点的不同理解和处理方法，通过比对式的整体把握，脱离具体教材约束，提出对教材内容及知识点分布的分解以及重构方法，帮助读者打通知识经脉。

第二篇为教法篇：面向教师在教学活动中的主导作用，基于 TPACK 框架探讨国内外数字电子技术教法的新成果，形成体系化的数字电子技术学科教学知识，为读者提供了一份成体系的教法“菜单”及知识点的“烹饪手法”。

第三篇为案例篇：从实践的角度探讨整合技术的数字电子技术学科教学知识及具体解决方案。本篇旨在将作者长期的教学实践及其感悟具体化为一种教法的参考范式，通过对逻辑语言、逻辑函数、组合设计、触发器的进化以及任意进制计数器的设计等课程核心知识点进行案例展示及点评，呼应并践行前面的学科教学知识。本篇提供的参考教学范式重在启发读者的顿悟，教学方法没有绝对意义上的最佳结构，需要教师的认知灵活性去寻找、体验及感悟。读者通过本篇内容可以初步领略到数字电子技术知识点探究与建构的方法和艺术。

本书是对高等学校《数字电子技术》学科教学知识研究的一个尝试，作为抛砖引玉的载体为读者及同行提供一个交流的平台。本书不是一本教科书，在分析总结同行经验成果的同时，更注重阐述作者自己的想法，在写作风格上力求前后统一和通俗化，为读者使用本书时留下思考与再创造的空间。

本书由唐彰国负责架构设计、编撰、定稿及统一协调。第一篇第 1 章由刘莉执笔编写，第二篇第 3 章由张健执笔编写，第零篇、第一篇第 2 章、第二篇第 4 章和第 5 章、第三篇由唐彰国执笔。本书的研究得到四川省教育厅青年基金项目《网络高级隐遁行为取证技术研究》（152B0026）及四川省高等学校首批省级创新创业教育示范课程《物理教学仪器设计与制作》项目的支持。在本书编写过程中，得到四川师范大学物理与电子工程学院周晓林院长的大力支持和热情鼓励，退休专家尤豫民教授的悉心指导，四川师范大学网络与通信技术研究所所长李焕洲教授的关心及建议，米军奉、张荣槟、邓雨欣等研究生做了大量的资料收集、整理、制图以及使用 Multisim 软件进行电路仿真等细致工作，在此一并深表感谢。

由于时间仓促且限于作者水平，书中不妥之处请读者批评指正，不胜感激。

唐彰国
2017 年 10 月于成都

目　　录

第零篇　绪论篇

第一篇　教材篇

第二篇 教法篇

第三篇　案例篇

第零篇　绪论篇

0.1 教学研究的背景及相关政策

提高教育质量、推进以学生为中心的教与学方式方法变革是近年来教育部及教育界倡导的重要主题之一。课堂是当前开展教学活动的主战场，提高课堂教学质量是提高教育质量的关键。2012 年《教育部关于全面提高高等教育质量的若干意见》[1]第五条就明确要求“创新教育教学方法，倡导启发式、探究式、讨论式、参与式教学”。2016 年教高〔2016〕2 号文件《教育部关于中央部门所属高校深化教育教学改革的指导意见》[2]再次提出“改革教学方式方法，广泛开展启发式、讨论式、参与式教学。”从倡导到广泛开展的政策变化不仅指明了教学方式改革的方向，也进一步明确了改革的现实需求和迫切要求。文件第五条进一步要求，着力推进信息技术与教育教学深度融合。具有学科专业优势和现代教育技术优势的高校，要以受众面广量大的公共课、基础课和专业核心课为重点，致力于以学为本的课程体系重塑、课程内容改革，建设一批以大规模在线开放课程为代表、课程应用与教学服务相融通的优质在线开放课程。创新在线课程共享与应用模式，推动优质大规模在线开放课程共享、不同类型高校小规模定制在线课程应用、校内校际线上线下混合式教学，推进以学生为中心的教与学方式方法变革。

落实在行动上，教育部相继推出多项重大举措。如《国家中长期教育改革和发展规划纲要(2010—2020 年)》提出实施“卓越工程师教育培养计划”，这是我国高等工程教育的一项重大改革，旨在加强课程改革，提高学生实践能力和创新能力，造就一大批创新能力强、适应经济社会发展需要的高质量工程技术人才。为了促进高等学校电子技术、电子线路课程教学改革，交流课程教学改革经验，探索新形势下如何加强电子技术、电子线路的课程建设，教育部高等学校电工电子基础课程教学指导委员会等机构开展了多方位的工作，围绕电子技术、电子线路系列课程，就“如何提高教学质量，产、学、研如何更加紧密结合、互相促进，探索教学改革与创新的新思路”等议题，展开了多轮深入的研讨。通过建立高等院校、出版社和企业之间沟通、交流、合作的平台，对电子线路课程的理论和实践教学改革起到指导和推动作用。2016 年 11 月教育部高等学校电工电子基础课程教学指导委员会、中国电子学会电子线路教学与产业专家委员会、全国高等学校电子技术研究会联合在北京航空航天大学主办了中国电子学会电子线路教学与产业专家委员会会议暨首届全国高等学校青年教师电子技术基础、电子线路课程授课竞赛决赛。此次全国竞赛历经半年之久，涉及全国 20 多个省市、200 多所本科院校，共计 200 余名教师参加初赛，经过全国六大赛区的初赛遴选，产生决赛选手 72 名，包括西南、西北、中南、东北、华北和华东赛区一等奖选手以及中国人民解放军“八一”杯选拔赛的获奖选手。这次全国性高等学校青年教师电子技术基础、电子线路课程的授课竞赛，以加强电子技术基础、电子线路课程青年教师教学基本功和能力训练为着力点，充分发挥授课竞赛在提高教师队伍中的引领示范作用，鼓励青年教师更新教育理念，掌握现代教育教学方法，努力造就一支师德高尚、业务精湛、结构合理、充满活力的高素质专业化教师队伍。参赛各高校间积极交流课程教学改革经验，探索新形势下如何加强电子技术、电子线路的课程建设，对促进和带动全国电子线路课程的理论和实践教学改革、提高教学质量和水平起到了重要的示范作用。从比赛情况看，比的不只是将知识点讲清楚，更是比教的艺术、教的角度、教的层次以及教的创新手段。

可见，无论从政策层面还是具体的措施，努力提高课堂教学质量是教学方法创新的根本途径之一，在此共识下，新时期开展针对具体学科的教学知识研究势在必行，本书关于数字电子技术的教学研究与案例实践正是基于此背景下的一种学术研讨和具体实践。

0.2 面向数字时代思维方式的教学研究

传统学科教育与教师教育相互分离的教育体制使得对教师教学能力的培养存在一定先天的不足，一个重要原因是教师特有的教学领域知识没有受到重视，针对大学专业课程如数字电子技术的学科教学知识更是缺乏。

如何理解和落实教育部提高高等教育质量的相关要求？如何在课程教学中导入最新的主流教育理论和学习理论？如何结合数字电子技术的知识特点和课程实际切实落实课程的启发式、探究式、讨论式、参与式教学？现代教育理论将教育分为三个层次：一是让受教育者知道世界是怎样的，成为有知识的人；二是让受教育者知道世界为什么是这样的，成为会思考的人；三是让受教育者知道怎样使世界更美好，成为有创造能力的人。数字电子技术作为专业核心基础课程具有很强的技术性和工程性，是培养学生思维方法、工程意识和创新能力的良好载体。然而，纵观国内外数字电子技术的传统课程教学，大都还停留在教育的第一层次上，即将传授知识作为教学的核心目标，课堂容量、课程信息量的大小仍作为评价教学的主要指标之一，但在教学策略、方法及手段上学生的主体地位仍然不够突出[3]。

课堂是当前开展教学活动的主战场，提高课堂教学质量是教学方法创新的根本途径之一。数字电子技术到底应该教会学生什么？教什么？怎么教？如何解决“教与学”的矛盾？如何体现“以学生为中心、以教师为主导”？教师如何理解自己的教学行为？如何驾驭课程知识？数字电子技术课程是国内外电类各专业本科教学的核心骨干课程，是向学生传授科学思维和工程观点的重要载体和途径。本书根据作者多年的教学实践、科研实践以及参加全国教学比赛的学习经验，对数字电子技术的教学理念、教学模型及实施方法进行总结研究与提炼，并对数字电子技术核心知识点的教学进行案例研究与点评，通过探索以期对数字电子技术课程教学的研究与实践起到抛砖引玉的作用。

0.2.1　数字电子技术教学研究的综述与反思

近年来针对数字电子技术课程教学的期刊论文很多，也涌现出一些优秀实践案例和成果，如教学生学会像电子科学家那样思考问题、教学生学会像电子工程师那样解决问题等诸多观点。不过，大多的研究与实践存在一种偏向，即更多的是从课程与教学论视角作为一种教学模式或学习方式来研究，而很少将它作为一种认知过程，从科学认识论与工程方法论等哲学的视角进行探讨。课程教学作为认知环节中的一环，显然不是仅仅通过教学模式或学习方式这样局部的研究就能完全解决的，它需要教师站在比课程教学本身更高的层次上，如认知科学、技术哲学、教育哲学的高度，以一种反思与超越的视角来研究和认识，才能为驾驭课程教学的手法奠定一个高屋建瓴的认识论基础，这既是实施数字电子技术课程教学的基本前提，也是避免教学研究泛化和异化的有效措施。

在课程目标的认知方面，综合国内外相关研究成果，大多认为应该源于学科而高于学科，即大学的教学活动应该将传授知识和发展智能相结合。具体到数字电子技术课程本身，相关研究资料中提到的多维课程目标可归纳为如下几个层面。

(1)知识层面：学生应掌握数字电路的基本概念、基本电路、基本原理及主流应用。

(2)能力层面：学生应该得到电路设计能力、实践操作能力、查阅资料能力、工程应用能力以及电路评价能力的锻炼。

(3)思维层面：电路设计是一种思维再创造，应使得学生具备一定哲学思维、科研方法、学科特有思维方式等思维能力。

(4)素养层面：电路设计作品作为劳动成果会反作用于生活实践，因此，应教给学生正确的价值观、工程观及人文素养，培养其热爱科学、实事求是的作风，培养其对社会的责任心和使命感，形成积极的人生态度等。

在课程教学手法方面，近年来出现了探究式教学、翻转课堂、以学生为中心等新思想新方法，但在实践上仍有新瓶装旧酒之嫌，还有待从模型、方法、流程上进一步完善。以科学探究教学为例，该方法的核心思想是“通过经历与科学工作者进行科学探究时的相似过程，学习知识与技能，体验科学探究的乐趣，学习科学家的科学探究方法，领悟科学的思想和精神的一种学习方式”[4]。从课程与教学论角度说，科学探究教学作为一种教学模式区别于知识接受型教学，包括教学目标、教学过程、教学原则、教学策略以及师生角色等。但科学探究不完全等同于工程研究，文献[5]认为目前由于人们对探究教学模式的认识存在着简单化倾向，对科学教学产生了负面的影响。主要表现在以下几个方面：囿于经验主义科学观，不能反映科学的本质；把科学教学过程简单等同于科学研究过程，不能反映科学教学过程的本质；强调做科学，忽视学科学，不利于对概念的深层理解；教学操作方法单一化与模式化，不利于学生理解科学的本质。因此，对新型教学手法的探讨、实践仍需要从认知过程等高度进一步研究。

在课程教育方法论方面，如何辩证理解教与学的对立统一不仅仅是教育方法论需要回答的问题，更是人类认知及进化方法的重要命题。当今数字化时代及人工智能的深度发展，关于“学习”本身又有了新的视角，在近年来人工智能陆续击败象棋、围棋大师的语境下，人类如何学习？应当学习什么？怎样提高学习效率？一些专著如美国布兰思福特的《人是如何学习的：大脑、心理、经验及学校》对此进行了系统性的探讨，包括学习的迁移能力、有效教学的专家知识等。因此，从教育方法论的高度讨论及回答这些话题显得越来越迫切。教与学都属于人类的思维活动，因而具有同一性，然而教是一种传授机制，学是一种接受机制，它们又是互相对立的。以学生为中心的核心含义之一就是将学生知识形成、技能应用、能力迁移、智力发展的程度作为衡量课堂教学质量重要标准，教师所传授的知识、方法，从学生角度能够理解并内化为思维和能力吗？教学活动的实质在于解决教师与学生之间、教师与教材之间的矛盾，进而解决学生与所学知识、发展能力之间的矛盾，它是学生的认知过程[6]。站在学生的角度，行为主义、认知主义、建构主义等理论为理解学习提供了有效视角，但在学习非正式化、网络化的今天，这些理论在有效阐释数字化学习上存在缺陷，连接主义应时而生，除了关注学什么、怎样学外还须研究从哪里学，站在连接主义的观点，以学生为中心的教学过程应该是帮助、引导学生将不同知识节点或信息源连接起来的过程，该理论对教师的角色、作用以及教学的技能知识提出了新的要求。

在课程教学实践方面，教育部等机构组织了部分骨干课程的全国性教学比赛，数字电子技术作为核心基础课以及快速演化的学科，教什么、怎么教是竞赛讨论的主要议题之一，数字电子技术是什么性质的课，其知识具有什么特点？能以这些知识作为载体让学生体验并发展出什么智能呢？来自全国的专家及教师代表并没有给出现成的答案，而是鼓励创新、百花齐放。可见，当前教与学无论理论研究还是实践探索都还处在一个探索期，并没有达到可以定型的程度，因此，基于以上讨论的启发以及自己的研究实践，下面将给出作者的思考以及对以上问题的一种参考回答，供同行交流。

0.2.2 基于学生思维要素建构的能力模型

形成、发挥和提升学生的主体性是近代教育改革的主题，学生的主体性在什么样的教学结构中形成、发挥和提升的问题不仅是建构、推演教育技术理论的"原点"，也是当代教育哲学关注的焦点[7]。如何真正体现并落实"以学生为中心"的理念和要求呢？从现有的学术文献及一线教学实践看，从"以教师为中心"到"以学生为中心"的教学模式转向基本形成了共识，但一些狭义的甚至狭隘的"以学生为中心"的观点从哲学的角度看仍然是"主体—客体"思维范式，即只是将学生作为客体对象而不是认知主体来认识其发展规律。作者认为，教与学首先是一种思维活动，人类有了思维、知识及语言后才有教育活动，而教育活动的两个主体无论是教师还是学生其能力的体现都是在对思维、知识、语言等载体的加工方法上。因此，人的思维结构是讨论教学活动的依据及核心，着眼于人类的思考模式及学习模式，教学活动应遵循学生的思维结构及认知过程。从纵向自上而下看，作者认为讨论教学研究须以高于教学的视角俯视教学行为，从人的存在形式(人类社会的三种基本活动方式，即生产方式、生活方式和思维方式)的高度理解并架构对学生的塑造，以学生为中心，以教师为主导的"主体-主导"双主体角色模型实现教师与学生"教学相长"的协同进化，以课程及课堂教学为载体进行思维方式的渗透，以教材及知识点教法为切入点进行总体架构(顶层设计)。从横向说，数字电路本质是数字逻辑。逻辑一词本身起源于思维科学，从思维的要素及思维的结构自下而上地观察数字电子技术的教学是一个合理的角度。因此，以学生思维方式的建构为出发点和着眼点研究数字电子技术的教学方法是本书提出的核心思想及目标。

基于以上分析，如何界定思维的内涵、要素及结构成为理论研究的关键。文献[8]~文献[10]对思维方式及思维结构进行了深入的探讨，如提出语言、数学逻辑、空间、音乐、身体动觉、人际、自我认知七种思维；进一步研究将之概括为抽象思维(含语言、数学逻辑)、内省思维(含自我认知)、形象思维(含空间、音乐)、经验思维(含身体动觉)、人际思维(含道德伦理)五种思维形态和方法。将多样性的思维按结构及要素进行抽象是十分有意义的，本书基于思维科学的最新研究成果，结合数字电子技术知识特性、内容体系及能力模型等方面的实际，尝试站在思维方式的高度去理解及建构"以学生为中心"的内涵和实质，提出一种可操作的、适用于数字电子技术课程教与学的思维结构模型，该模型包含五个思维要素并组成五角形结构，如图 0.1 所示。

图中模型将思维的结构分为五大要素，即知识、情感、语言、观念和方法，各要素相互作用、相互结合进而形成相对稳定的思维样式。思维结构各要素的具体含义及在数字电子技术教学中的应用如下。

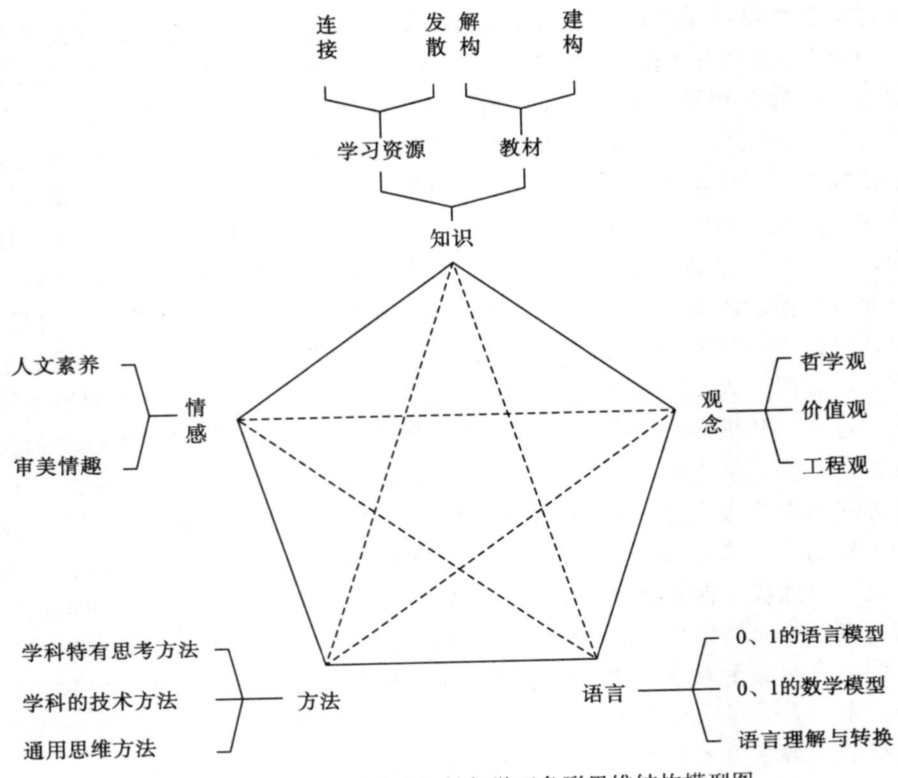

图 0.1 《数字电子技术》教与学五角形思维结构模型图

1. 知识

知识是思维方式的基础。广义而言，知识具有结构层次性和类型多样性。知识数量的多少制约着思维方式的规模，即思维方式所体现的思维视野和空间容量的大小；知识种类规定着思维方式的性质和功能指向；知识层次的高低也制约着思维方式本身层次的高低。知识的这一特点，使得以知识结构为基础的思维方式主要表现为一种概念框架、概念的网状结构[10]。在网络化、智能化的数字时代，知识的种类和层次拥有各自的行进路径，学习者可以同时使用生物学大脑和网络大脑，如面对组合电路的设计问题，尽管他的生物学大脑中调不出相关知识，但通过互联网可将相关知识检索连接到自己的知识系统，思维方式因此就发生变化，进而产生丰富多样的思维结果。网络化也使得知识层次的高低界限受到压缩从而变得模糊，当学习主体涉及自己知识系统层次以上的思维客体时，可通过网络数字大脑获得专业的领域知识，及时且高效地完善原有的知识系统并提升自己的知识层次，进而可以对客体进行或深或浅的思维加工。而连接主义认为学习的过程就是一种学生与学习资源建立连接的过程。因此，网络数字时代通过两个大脑的协作，对知识进行解构及连接，可以快速改变认知主体的知识数量、种类和层次，微调甚至跳变式改变思维方式，从而产生指数级上升的思维结果，使得知识的表达方式及获取方法更加多元化与个性化。

就数字电子技术的知识层面而言，以学生为中心，知识从哪里来？除了教材还需要与哪些学习资源产生连接？从教师的角度，数字电子技术的知识有哪些类型？如何对数字电子技术的知识体系进行解构和建构？如何合理、辩证地处理教材与知识点的矛盾？如何进行课堂设置以及延伸课堂？怎样正确处理知识点与教学方法的逻辑关系？因此，本书第一篇教材篇从学习资源的角度进行研究，对教材的知识体系进行梳理，以便教师根据不同的教学目标进行相应的解构和建构。第二篇教法篇及第三篇案例篇将对数字电子技术的知识类型与认知过程的关系进行结构化映射，并通过一些典型案例对知识网络及隐含知识的挖掘方法和艺术加以说明。

2. 情感

胡蓓[9]认为，情感作为信息加工、处理和调节人的行为的一种方式，以及人们社会心理的表现，它内化于人的头脑中，并成为思维结构中的一个有机组成部分，对人的思维方式有着多方面的影响。情感元素影响思维的波动性和非逻辑性，有助于培养个体的独立性和自我意识，可以转化为思维的动机和激发力量，影响思维的选择、指向以及思维能力的发挥。

就数字电子技术的教学而言，其内容属于技术设计的范畴，技术的价值在于利用、保护和改造世界。然而，技术在推动文明进步的同时也可能给自然环境、生产生活以及伦理道德造成负面影响。因此，树立正确的价值观、培养人文素养和审美情趣等有助于完善数字电路的设计思维、数字电路作品的欣赏与评价。例如，技术的进步、工程的实现、问题的求解从来不是一帆风顺的，可通过电路设计的工程实际案例教学，适当进行挫折教育，适时地进行审美情趣的陶冶，如布尔代数的数学之美、0 和 1 的语言之美等。

【案例 0-1】 人文素养的培养

国内外著名高校的工科专业非常重视人文素养的培养。以麻省理工学院(MIT)为例，地球探究(terrascope)是 MIT 最新的针对一年级学生的学习社区，它为 MIT 新生提供特殊的向教室外扩展学术经验的机会。地球探究计划的根本思想在于，研究地球系统是学习基本科学和工程概念的最有效方法。学生利用该概念，用创新性的方式来理解地球形成过程中相互关联的物理和生物过程，并设计维持将来环境的策略。现场工作和与研究人员的密切接触是地球探究实践的重要组成部分。

地球是人类繁衍生息的摇篮，以之为载体进行人文的熏陶意义重大。电路设计作品的最终落脚点是人类及其地球环境，如果对地球没有起码的感恩和尊重，其作品在经济性、安全性、节能性方面都会受到制约，甚至会设计出带有攻击性、危害性的作品。

（改编自文献[11]：麻省理工学院教育教学考察报告——基本情况篇 于歆杰）

3. 语言

语言是思维的工具，知识、观念、情感及思维形式和方法都需要语言加以表达和传递。语言作为思维的工具有多方面的影响，陈旧的语言框架会造成思维的封闭性、保守性，影响思维的抽象程度，波及思维的精确性和模糊性，影响思维的多样性。

就数字电子技术的教学而言，0 和 1 既是一种信号更是用以描述物理世界的一种逻辑语言，又是整个数字逻辑的数学基础和语言基础。0、1 的包容性及非指向性等特质为数字电路、数字系统的设计提供了足够的表达空间。普遍来看，无论教材还是教师，往往只注重 0、1 作为数学符号的讲授，然而，教学中如何从语言的角度认识和利用好 0 和 1，如何从模型的高度建立自然语言与逻辑语言的转换关系，讲好 0、1 的语言学本质及特性是本课程拓展学生思维层次和认知水平的关键。

4. 观念

观念元素是指个人、集体组织乃至社会的思想体系，包括社会意识、哲学观等。文献[9]和文献[10]均指出，观念模式一旦形成就转化为思维方式的内容，作为思维方式的元素进入思维活动过程，成为思维活动所依据的准则，对主体的思维和实践起着强大的指导作用，即一定的思想观念对于人的思维具有定向作用，规定人的思维逻辑轨道，规定主体的思维方式和过程，引导主体对实践客体的思维结果。另外，价值观念决定思维方式的指向，在认识活动中，人是能动的信息处理器，通过运用思维方式有选择地接受和加工对自己有用的信息，这就是思维方式所具有的认知指向功能。这种指向功能不仅取决于思维方式中知识结构的性质，更主要取决于思维方式中价值观念的性质。

就数字电子技术的教学而言，数字电子技术可以传授哪些观念呢？纵观国内外的研究成果，主流的观点认为应当帮助学生树立科学观、系统观、大工程观、哲学观、科技进步观等。观念的形成与更新需要世界视角，全球科技的高速发展，对数字电路工程师提出了更新、更高的要求，数字电子技术教学作为一种工程教育要培养工业文明意识。数字设计是工程，而工程意味着解决问题。以大工程观及 CDIO 理念为例，麻省理工学院、瑞典皇家工学院等 4 所大学 2004 年创立了 CDIO 工程教育模式，并成立了以 CDIO 命名的国际合作组织[12]，目前包括我国清华大学在内的全世界超过百所世界一流大学加入了 CDIO 组织。CDIO 代表构思(conceive)、设计(design)、实现(implement)和运作(operate)，它以产品研发到产品运行的生命周期为载体，让学生以主动的、实践的、课程之间有机联系的方式学习工程，注重培养学生工程观念、基础知识、个人能力、人际团队能力和工程系统能力。

作者认为，工程技术类专业课程进行技术素养、工程观、哲学观、价值观的渗透非常重要，应教会学生自我认知和对电路设计作品的价值评价能力，在数字时代，碎片化的知识及价值取向需要课程及课堂的合理引导和塑造。

【案例 0-2】　数字电子技术中的观念

“数字电子技术”课程应使学生建立以下三个重要观念。

(1)系统观念：一个数字电子系统从信号的获取和输入、数字处理、输出和驱动，到各部分电路之间的功能作用、参数设置和逻辑关系等需要相互协调，只有通盘考虑和全面调试才能获得理想效果。

(2)科学进步观念：数字电子技术的发展，比其他任何技术都快，学习数字电子技术时应立足于基础，放眼于未来。

(3)创新观念：电子器件的产生背景、电路构思和应用实现都具有启发性，能够充分发挥学生的想象力和创造力，激发其求知欲和创造欲，活跃学术思想。

(改编自文献[13]：在“数字电子技术”教学中培养学生创新能力　谢剑斌)

【案例 0-3】　价值观对数字电路设计的影响

在“现代交通灯控制系统的设计”、“五层电梯控制系统的设计”大型作业中，学生对现代交通灯的控制方式不了解，只知道在许多路口等车的时间比原来长了，左转弯与直行分时了。学生刚开始设计时未考虑电梯的安全性问题，当教师指出如果有缺陷的产品真的投入市场，出了人命，那么设计者就会承担刑事责任时，学生才意识到要解决任何一个实际问题都不是那么简单。于是，学生就按教师的要求到实地认真考察交通灯和电梯的运行情况。在他们掌握了第一手资料后，所做出来的方案就考虑得比较全面，也很有个性和创意，有的小组提出了比目前合肥市交通灯控制系统更为先进的、根据各方向路口交通拥挤程度智能控制交通灯的技术方案，所设计的电梯控制系统的安全保障措施也更全面了。

(改编自文献[14]：“数字逻辑电路”课程教学改革体会　王振宇)

案例点评：该案例不是人为构造的理想化设计情境，而是回到生活实际，因而电路作品必然受到社会价值观、伦理道德以及法律法规的约束，利用学生的生活经历及生活体验讲授并渗透价值观、人文素养是有效的。

5. 方法

方法是思维方式结构中的最高层次，也是思维方式结构中的功能层次。方法元素包括最高层次的哲学方法、中间层次的特殊方法和基础层次的个别方法。思维方法包括视角、空间、路径与规则等维度。例如，视角就包括归纳法的共同性视角、演绎法的包容性视角，以及其他共时性、历时性视角等。思维空间是视角所规定的思维视野，也就是某种思维方法所能看到的范围和层次，其类型包括因果性空间、并存性空间、可能性空间、理想性空间以及继起性空间等。

就数字电子技术的教学而言，既要传授一般科学思维和工程方法，也要提炼出本学科特有的一些思维方式。系统论、信息论、控制论作为科学方法论，其思想方法具有普遍意义，是对学生进行技术素养培养的精华所在，应渗透教学内容中。例如，数字电路及系统往往与环境及其他系统相互作用，往往需要对功能、形态甚至性能指标进行系统性权衡，系统论方法强调从整体出发分析和处理问题，从系统结构分析系统特性的思想方法，建立一般电子系统的完整结构概念，领悟数字电子技术的思维方法，提高探究问题的能力，促进所学知识与能力的迁移。另外，数字系统是一种计算系统或智能系统，将物理世界及知识系统形式化为可计算的符号系统，其实质是一种计算思维。计算思维作为人类三大思维方法之一，其技术思想的渗透非常必要。

另外，数字电路自身有哪些独特的思维方法呢？数字电路中的 0 和 1，大多教材仅将它们看成物理世界中任意一对矛盾的抽象，但从设计思维上来说这还不够，0、1 作为编码信号能指代物理世界的万事万物，因而在数字系统中 0、1 也往往携带着信号的身份信息。数字电路中的信号虽然分为数据、状态以及控制信号，实际上它们是浑然一体地工作着，但在数字电路设计时，却需要明确地认识和区分它们，这在模拟电路等其他电路形态中是没有的，是数字电路所特有的思维方法。当正负逻辑抽象在电路系统的各个模块部分确定之后，就可与表现电路物理状态或电气状态的 H、L 相分离，再根据布尔代数上的处理方法，就可以表达和描述电路的逻辑功能，进而能进行纯数学意义上的逻辑设计，这也是模拟电路等其他形态电路中所没有的方法。

本 篇 小 结

本篇将学生作为教学模型中的认知主体，探讨了“以学生为中心”的教学理念在数字电子技术课程中的具体内涵、实质以及相应的实践方案。着眼于人的思维方式及思维结构，从人的存在形式的高度提出一种面向学生思维要素建构的理论架构及其认知模型，该模型作为一种理念及教学方法论统领全书，后续的教材篇、教法篇以及案例篇均围绕“学生思维要素的建构”这个“根本”而展开。

参 考 文 献

[1] 中华人民共和国教育部. 教育部关于全面提高高等教育质量的若干意见[N]. 中国教育报，2012-04-21.

[2] 中华人民共和国教育部. 教育部关于中央部门所属高校深化教育教学改革的指导意见[J]. 中国大学生就业，2016，(19)：4-6.

[3] 江捷. 以学习者为中心的数字电子技术教学方法探讨[J]. 教学研究，2009，32(3)：53-54.

[4] 应向东. “科学探究”教学的哲学思考[J]. 课程. 教材. 教法，2006，(5)：64-68.

[5] 袁维新. 科学探究教学模式的反思与批判[J]. 教育学报，2006，2(4)：13-17.

[6] 许碧锋. 数字电路教学的逻辑方法论[C]//2010 年全国应用逻辑研讨会会议论文集，2010：80-84.

[7] 张立国. 从“教学结构”到学生“主体性”的培养——对教育技术理论建构的哲学思考[J]. 电化教育研究，2006，(6)：19-21.

[8] 丁润生. 智慧的界定及其思维结构再探[C]//《思维科学与 21 世纪》学术研讨会论文集，2010：11.

[9] 胡蓓. 浅论思维方式及其构成要素[J]. 科技进步与对策，2002，19(5)：163-164.

[10] 陶富源. 论思维方式[J]. 淮南工业学院学报(社会科学版)，1999，1(1)：20-24.

[11] 于歆杰，王树民，陆文娟. 麻省理工学院教育教学考察报告——基本情况篇[J]. 电气电子教学学报，2004，26(4)：7-10.

[12] 潘晓苹，但果，陈昕，等. 基于 CDIO 理念的数字电路实验教学改革[J]. 实验室研究与探索，2013，32(8)：400-402.

[13] 谢剑斌，李沛秦，闫玮，等. 在“数字电子技术”教学中培养学生创新能力[J]. 电气电子教学学报，2010，32(6)：5-6.

[14] 王振宇. “数字逻辑电路”课程教学改革体会[J]. 电气电子教学学报，2002，24(2)：18-20.

第一篇　教材篇

教材在本书提出的面向学生思维要素建构的教学模型中属于知识范畴。教师与教材、教材与知识是什么关系？把握好三者之间的辩证关系是教师提高教学质量的必经之路。科学文化在于记录和传承，知识及教育的实质在于传播和创新，而教材作为知识的主要载体之一是无数先辈劳动成果的结晶。“以学生为中心”并不是可以抛开教材、抛开前人的理论体系，让学生自己对知识产生连接和建构，这对整个社会的知识传承和文明进步是不利的。但是，在数字电子技术及其产业高速发展的今天，也应看到教材内容的滞后性与工程实际的脱节性，教师必须在尊重、继承的基础上对教材内容体系、知识结构进行创新性的解构与建构。

教学活动的实质在于遵循学生的认知过程，解决教师与学生之间、教师与教材之间的矛盾。教师教学的创造性首先体现在对教材的处理上，在教学设计中融入教师的领域知识及经验智慧，对教材视野宽广、理解透彻、感悟独特才能创造性地优化重组教材内容，活“用”教材而不是“教”教材。教师须根据学科知识、技术知识及学生知识对教材及内容逻辑进行二次加工，否则将导致学生虽然掌握了单个的知识点，但由于缺少对知识网络及框架的认知，知识结构和思维层次建立不起来。

本篇着眼于数字电子技术的知识体系，以“学生为中心”的角度审视和考量教材及学习资源。知识从哪里来？除了教材还需要与哪些学习资源产生连接？数字电子技术的知识有哪些类型？如何合理、辩证地处理教材与知识点的矛盾？为了对上述问题给出作者的思考和回答，第 1 章从学习资源的角度进行研究，对现有教材进行综述并对知识体系进行梳理和比较，以便教师对数字电子技术的知识体系及教材的类型和风格有一个总体的把握，便于做出自己的思考和取舍。第 2 章拓展教材的广度和深度，挖掘知识点之间的逻辑关系，根据不同的教学目标进行相应的解构和建构，进而帮助读者建立起面向特定情境的知识框架和脉络。

第 1 章　中外数字电子技术教材的比较研究

关于数字电子技术的教材非常繁多，为了便于考查，本章将分别从纵向时间跨度视角和横向内容分布视角展开讨论，首先介绍国内外教材的总体情况和选择对比教材的基本原则，然后分别对教材的内容、写作风格、知识体系安排等方面进行多维度的对比。

1.1　国内外教材概述

数字电子技术从 20 世纪开始迅猛发展，相应教材也数目繁多，教材的名称就有多种，如“数字电子技术基础”“数字逻辑”“数字电路”“数字设计”等。据不完全统计，2017 年在亚马逊和当当网(标记“当当自营”，避免重复统计的情况)上以表 1.1 中的教材名称作为关键字检索图书，分别检索到数字电子技术相关图书的数量如表 1.1 所示。

表 1.1　市面教材数量统计　　(单位：本)

检索关键字	检索结果	
	亚马逊	当当网
数字电子技术	1514	760
数字电路	1013	470
数字逻辑	445	348
数字逻辑电路	177	148

根据关键词的包含与被包含原则以及相关度原则，这里通过在亚马逊以“数字电子技术”关键词的检索结果为基准，并考虑到国外优秀教材的翻译本和国内优秀教材的多版次发行等因素，估计全球数字电子技术相关教材的数量有 3000 本左右。在众多的教材中，为了便于直观比较，对现有教材按照以下几个角度进行了分类。

1. 按教材的语言分类

可概括地分为汉语教材、外语教材以及双语教材等。

2. 按教材的载体形式分类

可概括地分为纸质教材、音像制品、电子及网络出版物等。

3. 按教材面向的读者层次分类

可概括地分为本专科教材、高职高专教材、中职教材、职业技术培训教材以及面向成人教育、继续教育的教材等。

4. 按教材面向的专业分类

主要有面向信息大类专业、计算机类专业、电子信息类专业、电气类专业、自动化专业等细分领域。面向各细分专业的教材在内容上的主要区别在于与对应专业后续课程的衔接知识上。

5. 按教材的出版序列分类

从国内的出版序列情况看，主要包括“十一五”国家级规划教材、“十二五”普通高等教育本科国家级规划教材、面向21世纪课程教材、教育部推荐教学用书、国外电子与通信教材、国外优秀信息科学与技术系列教学用书(包括英文影印版)等。

6. 按出版社的性质分类

国内外主流的各大出版社及出版集团均有数字电子技术相关的教材或者参考读物，以国内为例，主要包括科学出版社、高等教育出版社、机械工业出版社、电子工业出版社以及高等院校所属的出版社等。

1.2 被比较教材的选择原则

数字电子技术类教材数目众多，读者对象及层次差异较大，本书的比较无法进行全覆盖，为了挑选出具有代表性的教材并使得被比较教材的分布具有统计学意义，本书从以下几个角度进行考察。

1. 按照读者的数量

由于无法精确统计读者的具体人数，本书采用间接方式以第三方平台为依据统计图书销量的方式来统计读者人数。2017年在当当网以“>图书>教材”为分类方式，标记“当当自营”和销量由高到低排序进行检索得到如表1.2所示的结果。

表 1.2　按读者数量的统计排序

检索关键字	检索结果
数字电子	《数字电子技术基础(第 5 版)》阎石 《数字电子技术基础》唐治德 《数字电子技术(第十版)》Thomas L. Floyd(美) 《数字电子技术基础(第二版)》杨颂华 《电子技术基础(数字部分)》康华光
数字电路	《数字集成电路——电路、系统与设计(第二版)》拉贝尔 《数字电路逻辑设计(第 2 版)》欧阳星明，溪利亚 《模拟电路与数字电路(第 3 版)》寇戈，蒋立平 《模拟电路与数字电路(第 2 版)》朱小明，熊辉
数字逻辑	《数字逻辑(第六版・立体化教材)》白中英，谢松云 《数字逻辑》王春露 《数字逻辑》朱虹

2. 按照专业领域

1)电子通信方向

根据统计排序结果，在电子通信专业方向目前读者群较多且有一定知名度和代表性的教材如下。

《电子技术基础(数字部分第 6 版)》，康华光，高等教育出版社，2014。

《数字电子技术基础(第 6 版)》，阎石，高等教育出版社，2016。

《数字电路与系统设计基础(第 2 版)》，黄正瑾，高等教育出版社，2014。

《数字逻辑(第六版・立体化教材)》，白中英，谢松云，科学出版社，2013。

《数字电子技术——从电路分析到技能实践》，William Kleitz，陶国彬、赵玉峰译，科学出版社，2008。

Digital Fundamentals，*Tenth Edition*，Thomas L. Floyd，Pearson Prentice Hall，2009。

Digital Design Principles and Practices(*Third Edition*)，John F. Wakerly，Prentice Hall，1999。

2)计算机方向

根据统计排序结果，面向计算机专业领域的读者群较多且有一定知名度和代表性的教材如下。

Digital Circuit Design，Niklaus Wirth，张力军译，高等教育出版社，2002。

《数字逻辑(第六版・立体化教材)》，白中英，谢松云，科学出版社，2013。

《数字电子技术基础》，田培成，沈任元，吴勇，机械工业出版社，2015。

3. 按照读者的层次

市面上数字电子技术教材的受众群体主要有中职、高职高专、成人教育及本专科、研究生四类，各层次教材根据统计排序结果，主要有如下代表性的教材。

1)中职教材

《数字电子技术》，龚运新，吴宏文，陈茂国等，清华大学出版社，2012。

2)高职高专教材

《数字电子》，刘冬香，黎一强，中国人民大学出版社，2014。
《数字电子技术基础(第2版)》，焦素敏，人民邮电出版社，2012。

3)成人教育教材

《电子技术基础(下册)数字部分(第二版)》，王汉桥，中国电力出版社，2010。
《数字系统设计》，猪饲国夫，本多中二，科学出版社，2004。

4)本专科、研究生教材

《电子技术基础(数字部分第6版)》，康华光，高等教育出版社，2014。
《数字电子技术基础(第6版)》，阎石，高等教育出版社，2016。
《数字电子技术基础》，张克农，高等教育出版社，2010。
《数字电子技术》，韦建英，陈振云，华中科技大学出版社，2013。

4. 按照教材的年代跨度

为了考察数字电子技术的快速发展体现在教材内容上的变化轨迹，以教材出版的时间跨度进行检索。该课程教材在20世纪50年代是以电子管为主要器件的“脉冲电路”，60年代是以半导体器件为主融合少量逻辑电路的“数字电路”，七八十年代才是以中、小规模集成电路为主的“数字电子技术”课程。90年代至今随着大规模集成电路和可编程逻辑器件的发展，以及电子设计自动化(EDA)技术的进步，数字电子技术的设计方法出现了重大变革，因而数字电子技术的教学内容和教学方法也在不断地更新，教材出现了“数字设计”、“数字系统”等提法。本书重点考察了近50年来出版的数字电子技术相关教材，主要选择如下几本有代表性的教材。

《数字电子技术基础》，阎石，第一版时间为1981年。
《电子技术基础(数字部分)》，康华光，第一版时间为1979年。
Digital Circuit Design，Niklaus Wirth，1995年。

综合考虑到以上 4 个要素及其分布情况，本书选择出了具有一定统计学意义的教材共 7 本进行比较研究，为便于对照，将 7 本教材进行编号，如下所示

教材 1：《数字电子技术基础(数字部分第 6 版)》，康华光，高等教育出版社，2014。

教材 2：《数字电子技术基础》，张克农，高等教育出版社，2010。

教材 3：《数字电路与系统设计基础(第 2 版)》，黄正瑾，高等教育出版社，2014。

教材 4：*Digital Fundamentals*，*Tenth Edition*，Thomas L. Floyd，Pearson Prentice Hall，2009。

教材 5：《Digital Design Principles and Practices(Thire Edition)》John F. Wakerly，Prentice Hall，1999。

教材 6：*Digital Circuit Design*，Niklaus Wirth，张力军译，高等教育出版社，2002。

教材 7：《数字系统设计》，猪饲国夫，科学出版社，2004。

1.3　被选教材的横向比较

1.3.1　知识内容的比较

为在知识内容上进行跨地域、跨文化横向比较，挑选了中国、美国、瑞士的三本教材进行对比。表 1.3 为这三本教材的目录。

表 1.3　基于内容的比较

章节	教材 1	教材 4	教材 6
1	数字逻辑概论	基本概念：数字量与模拟量、二进制数等	晶体三极管与门电路
2	逻辑代数与硬件描述语言基础	数字系统的数值表示、运算与编码	组合电路
3	逻辑门电路	逻辑门	锁存器和寄存器
4	组合逻辑电路	布尔代数和逻辑化简	同步时序电路
5	锁存器和触发器	组合逻辑分析	总线系统
6	时序逻辑电路	组合逻辑电路函数	存储器
7	半导体存储器	锁存器、触发器和定时器	同步电路的形式化描述
8	CPLD 和 FPGA	移位寄存器	基本计算机的设计
9	脉冲波形的变换与产生	计数器	乘法和除法运算

续表

章节	教材 1	教材 4	教材 6
10	数模与模数转换器	可编程逻辑器件	基于微处理器的计算机设计
11	数字系统设计基础	数据存储	异步单元间的接口
12		信号变换与处理	串行数据传输
13		数据传输	
14		数据处理与控制	
15		集成电路技术	

为了便于描述和比较三本教材的内容分布，将知识框架解构为三个部分，即数字基础、电路基础和扩展应用。相关比较结果如图 1.1 所示。

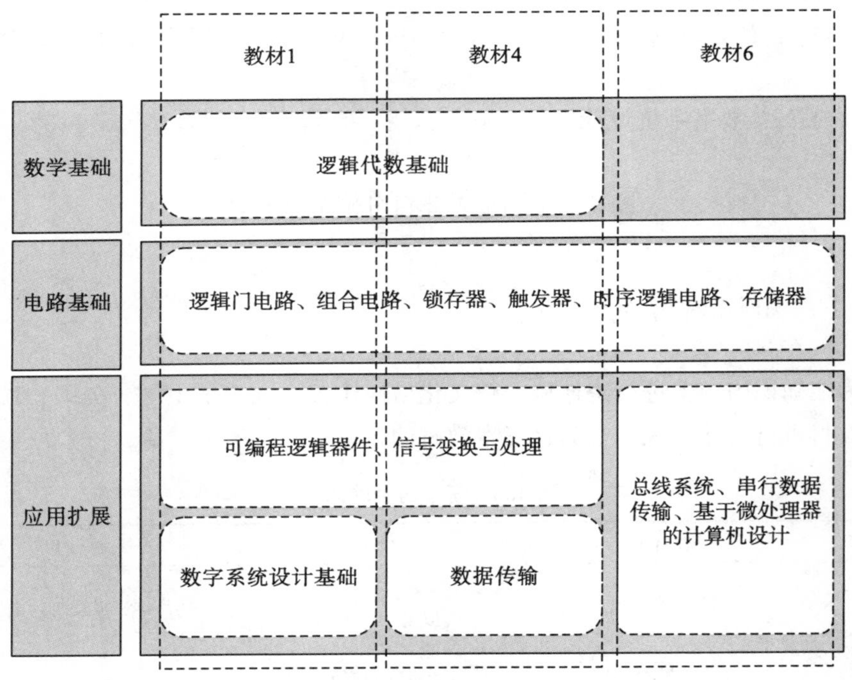

图 1.1 三本教材的内容分布图

数字基础部分，三本教材的处理略有差异。教材 1 和教材 4 将数字电路所要用到的基础知识做了详细的讲解，包括数制、码制、逻辑代数基础及其化简。教材 6 则没有详细介绍相应的内容，只是将布尔代数及化简这块知识放到了组合电路这一章简单介绍。而电路基础作为教材的核心内容，三本教材都进行了详细讲解。扩展应用部分是三本教材差异最大的地方，体现了教材的应用取向及受众层次差异较大。教材 1 和教材 4 在扩展应用部分都介绍了可编程逻辑器件、信号变换与处理相关的知识，主要以 FPGA、CPLD、模数转换和数模转换为重点。教材 1 和教材 4 的不同之处在于，教材 1 是在书的最后一个章节，介绍了一些常用的设计工具、数字系统的设计方法和实现方法，以期初学者获得数字系统设计的基础知识和设计技巧。教材 4 则介绍了数据传输的相关知识。教材 6 较前两个教材内容上差别较大，在介绍了门电路、组合电路、触发器、时序电路这些基本知识之后，更多的篇幅是在介绍数字电子技术在计算机系统中的具体应用。教材 6 是由计算机科学专业的一门课程讲义改编而来，硬件设计问题在许多计算机专业的课程中处于相对次要地位。但是，对于工科大学生来说，对计算机硬件的了解同样重要。所以该书在第 8 章中通过设计一个简单但很完整的计算机来加深学生对数字电路的理解。

可见，数字电子技术的知识及教材既表现出基础性、稳定性的一面，又体现了应用多极分化的特性，而这与当今数字电子技术高速发展，新技术、新工具层出不穷的行业现状是吻合的。这也预示着作为数字电子技术的课程教师应该根据特定目标和情境自适应地对知识及教材内容进行合理的解构和建构，而不应拘泥于教材甚至是某一本教材。

1.3.2　知识体系安排顺序的比较

为了考察跨文化教材在知识点顺序及衔接方式上的差异，选用教材 3 和教材 4 进行知识体系安排顺序的比较，如图 1.2 所示。在教材 3 的前言部分，明确提出此书的编写原则是“以设计为纲”、“以系统设计为中心”、“注重科学思维与工程意识”。而教材 4 的前言也指出，“本书写给所有需要设计和构建真正的数字电路的读者”。这两本教材在核心目的上是保持一致的，因而在内容安排上具有可比性。

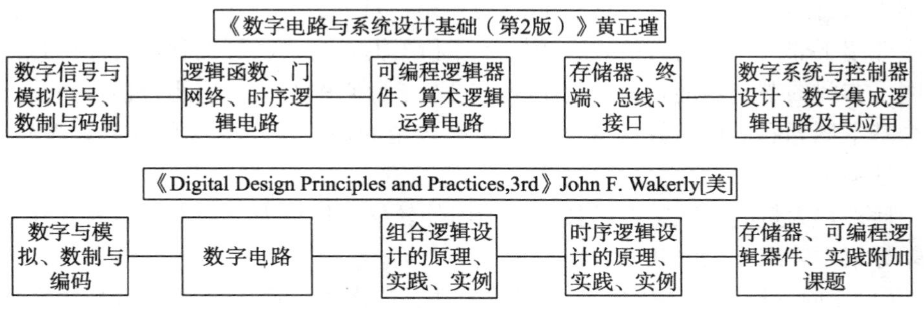

图 1.2　教材 3、教材 4 知识体系安排顺序的比较

从图 1.2 可以看到，这里按照教材内容结构分成了五个部分，且两本教材在内容安排上都是按照数学基本知识→逻辑代数基础→门电路→组合电路→时序电路这条主线。但是，对于硬件描述语言这块内容的讲解有明显的区别，见表 1.4。

表 1.4 关于硬件描述语言内容基于知识体系顺序的比较

教材 3	教材 4
VHDL 在第 2 章中和混合逻辑图一起对组合电路的逻辑进行描述，在第 3 章中给出对时序电路的核心语句描述，第 4 章在介绍可编程逻辑器件之后系统地简单介绍 VHDL	在第 4 章“组合逻辑设计原理”中用两节的内容介绍了两种硬件描述语言 ABEL 和 VHDL。在接下来的“组合逻辑设计实践”、“组合电路设计实例”等章节中都用了这两种硬件描述语言来实现逻辑电路

1.3.3 写作风格的比较

在写作风格上，受制于文化及思维习惯的影响，总体而言，同一国家的教材风格较为接近，而不同国家教材的风格差异较大。这里选取教材 2(中国)、教材 4(美国)以及教材 7(日本)进行比较。

以上三本教材在介绍一个新的知识点时，一般都是先给出总体描述，然后通过列举具体的实例对理论进行进一步的阐述和说明。教材 7 以数字技术的思维方法作为主体论述，阐述数字电路的历史侧面、电子学的观点以及与逻辑数学的对应关系，理论高度及实用性均很突出，所选例题都紧紧围绕着所要阐述的问题而展开。教材 2 和教材 4 在很多场合下都详细列出了解题过程和步骤，并对每一步有相应的文字说明和解释，因此，更加有利于学生的理解掌握。另外，在解答完所给出的例题后，教材还提出另一个与之相关的问题供学生思考和练习。教材 4 在每一章的结束部分，对本章所涉及的主要内容和概念进行总结，同时提供这一章的一些关键词，在每一节结束又都给出几道与本节内容相关的思考题供学生检验知识掌握的情况，课后习题按照文中每一节的内容进行安排，习题类型与文中章节一一对应。相较于教材 2，教材 4 在理论知识的讲述方面更加详细生动，利于学生的自学。例如，该教材对非门的介绍，首先介绍了非门的常用逻辑符号，其次介绍了非门对应的真值表、逻辑运算和逻辑表达式，再次利用时序图进一步说明了非门的逻辑功能，最后列举了非门在求反码中的实际应用价值。可见，对一个基本概念和器件，教材从不同的角度较全面地给予了充分的诠释，逻辑性、工程性突出。

此外，大量的《数字电子技术》国内外教材对比发现，国内外教材写作风格的差异集中表现在以下几个方面。

(1)在内容框架上国内教材强调系统性、严谨性，而国外教材多采用案例式循序渐进。

(2)在表述方式上国外教材一般采取引导式，而国内教材多用叙述式。

(3)国外教材中的例题一般都有工程案例、实际电路的背景，实战性较强，而国内教材往往从具体案例进行理想化抽象，只突出符合知识点的主要矛盾。

1.4 当前教材改革的主流思路

随着教育教学改革的持续推进，近年来教育界涌现出一批与教改相关的质量工程项目，其中就有支持对中外教材的比较研究，一些研究者甚至直接到国外先进大学的数字电子技术课堂进行实地考察和调研，纵观相关考察成果及部分教材改革领域的学术研究文献[1-5]，主要观点归纳如下。

1.4.1 回归“三基”

数字电子技术的发展日新月异，教材的内容跟不上技术和应用的变化，教材作为理论和思维方法的浓缩应该回归根本，即基本内容、基本方法和基本电路。目前国内各高校中，重点院校一般选用自己编写的教材，但是多数院校都选用名校编写的教材，或者选用各级规划教材。从时间跨度上看，数字电子技术各教材的知识内容并没有出现跳变式的调整，而是表现出基础性、稳定性的一面，因而有部分文献认为通过优化精简回归“三基”，目前的数字电子技术教材的内容可以压缩30%左右，进而适应新形势下课堂教学的需要。

1.4.2 教材立体化

基于本书提出的五维思维结构，知识载体不仅局限于教材，还要通过其他途径与知识资源产生连接。数字电子技术课程的工程性很强，一方面，其教学模式已呈多元化，包括课堂教学、开放式实验、研究创新性实验以及科研课题实践等；另一方面，本课程在各层次的教学环节中，翻转课堂教学法、探究式教学法、启发式教学法、案例教学法以及项目驱动教学法等诸多教学手段交叉运用，促使教材形态必须要适应教学方法体系的这些变化。因此，建设立体化教材势在必行。

立体化教材是教材往知识资源延拓的形式之一，其主要形式包括纸质教材、音像制品、电子及网络出版物等。其中，电子及网络出版物包括电子教案、电子图书、CAI课件、案例库、试题库、资料库、网络课程等。教材体系的立体化建设应着眼于理论和实践的有机结合。目前国内外已经开发出了一些示范性的立体化教材，从使用效果上看较充分体现现代教育思想，能够激发学生的学习兴趣。通过立体化教材的运用，学生不仅掌握所学知识，而且掌握获取知识的方法和途径，这是学生自学能力、创新精神和实践能力提升的标志和必经之路，也是教材立体化建设的核心目标。

网络学习平台也是教材往知识资源延拓的一种形式，主要是通过网络实现师生即时互动，提供在线帮助，支持学生自主学习。它主要由课程学习、辅导答疑、网上考试、在线讨论、资源中心、虚拟仪器、虚拟现实等大量功能模块及丰富的教学资源组成。

1.4.3 应用导向

教材应为专业服务，必须满足专业导向的职业定位。数字电子技术作为核心基础课程，支撑着计算机方向、电子通信方向、机电方向、智能控制等诸多应用领域，以应用为导向的教材内容改革势在必行。例如，某职业教育的专业培养目标是培养技能型应用人才，为此，数字电子技术的课程目标相应设置为掌握数字电路和集成芯片的逻辑功能及应用，初步具备用中、小规模集成芯片进行简单应用电路的搭建能力，以及具备常用电子产品的分析、组装、维修、检测和调试能力。因此，教材内容在安排上应强化电子产品的功能设计、仿真、制作及测试，而对如 TTL 与非门、触发器等内部结构及其原理分析可以舍弃。在器件及设计工具上力求反映产业领域的最新动态，与市场接轨，例如，以 FPGA 和 CPLD 为代表的大规模可编程逻辑器件(programmable logic device，PLD)的广泛应用，使传统“板上数字系统”被“片上数字系统”替代，教材应及时反映这些产业变化，从而突出应用导向。

1.5 结论及建议

综合以上各角度对国内外教材的横向多维比较，根据数字电子技术的最新进展和发展趋势，作者得出如下初步的结论及建议。

(1)国内外数字电子技术教材众多，教材的内容、顺序、风格均差异较大，这是一种百花齐放的多样性，契合了数字电子技术的产业发展现状。教材的多样性给教学带来的一个启示就是教师不应该局限于教材甚至某一本教材，对于选定的参考教材也需要在教学中对其内容根据专业目标要求合理地进行解构和建构，突出自己的特色。

(2)教材内容及顺序的多样性要求教师面对技术的进步、设计方法和手段的更新能辩证地看待，课程中紧紧抓住“三基”，立足思维方法的培养，同时合理地引入科技前沿引导学生自学并与知识资源产生连接。

(3)当前国内外《数字电子技术》的教材很多，虽然不乏少量优秀教材，但大部分教材在内容、章节顺序、专业定位等方面基本雷同，没有明显的特色。在风格上一类以演绎为主，另一类以归纳为主。总体上，教材中存在重理论、轻实践，重电路、轻系统，重手段、轻思维的现象。另外，在规范性描述方面，不同的教材在图形符号表示、概念表述等方面不统一，甚至不规范。例如，对锁存器与触发器这两个概念一些教材是不加以区分的，而对二者进行区分的教材对两个概念的解释也是不完全一致的。因此，建议教师在选择和使用教材时务必对教材的优势及其局限性有清楚的认识，如此才能在教学中辩证地处理好教材与教学之间的矛盾。

(4)在教材内容的知识体系上，应该适当涉及数字电子技术的基础理论，如逻辑学、语言哲学等。现有教材着眼于怎样让学生掌握数字电子技术这门技术以及这门技术如何应用。学以致用固然重要，但是立足于学生学习后劲的储备、持续研究能力的形成，一定的理论功底是不可或缺的，这是“术”与“道”的关系。数字电路是基于布尔代数运算理论体系与二值电子元器件而发展起来的学科，而逻辑学作为布尔代数逻辑的基础理论，现有教材却少有涉及，并且纵观国内高校工科类专业大多都没有开设基础的逻辑学课程。另外，0 和 1 在教材中仅仅作为符号逻辑从数学上加以定义和利用，然而数字电路设计时需要与客观世界交互，此时 0 和 1 是作为一种描述和表达客观世界的语言即逻辑语言而存在的，从语言的角度认识逻辑语言与自然语言之间的矛盾和转化，这是相当重要的基础理论，也是教材所缺失的。

(5)在教材形式的改革途径上，应主动顺应现代信息技术的发展，以综合技术的信息化教学为途径，从教材的媒介、传播方式和结构上进行变革。

(6)数字电子技术作为技术设计类工程学科，需要进行技术素养的渗透和培养。现有各类教材很少包含人文素养方面的内容，教学实践中往往需要教师自行拓展，建议教材以链接、扩展阅读、故事趣闻、知识点二维码、APP 在线等形式还原数字电子技术科技进步之过程，使得学生获得一种行业归属感及历史责任感。

本章小结

当前教材的编写、教材的应用以及教材的改革均应围绕着“以学生为中心”这一指导原则。本章从教材的视角考察了数字电子技术课程的内容体系及所需的技术素养，作者认为，知识不是技术素养的唯一要素，评估学生的能力发展，不应仅仅停留在“知识”这一个层面，技能的形成和能力的迁移应面向人的思维方式，从“知识”“方法”“语言”“情感”和“观念”这五个思维要素对学生进行建构，并从这五个要求体现人的进步并与其他人相互区别开来。因此，作为学术探讨，作者在第 2 章提出了一种基于五维思维结构的“数字电子技术”内容解构与重构方法，以对上述结论和建议给出一种实践案例。

参考文献

[1] 张天鹏，姚玉钦.《数字电子技术》教材改革与实践[J]. 考试周刊，2016，(47)：10-11.
[2] 欧阳征标. 数字电路教材改革——兼谈高等学校教材改革思路[J]. 电气电子教学学报，2007，(S1)：45-47.
[3] 林华，王友仁. “数字电路与系统设计”课程的教材体系改革[J]. 电气电子教学学报，2013，35(3)：117-118.
[4] 陈柳，戴璐平. “数字电子技术”课程教学改革研究与探索[J]. 中国电力教育，2013，(02)：96-97.
[5] 宁改娣，杜亚利. 教材：《数字电子技术》教材改革探索[J]. 教育教学论坛，2012，(08)：98-99.

第 2 章　数字电子技术教材内容解构与重构

数字电子技术的知识体系及教学内容具有数字时代的后现代特征，即既有解构又有建构。在解构时，可为研究者提供多样性、差异化的思考客体的视角。在建构时，可以综合运用共时、历时、共同性以及包容性等多维视角去考察各类数字电子技术教材的异同及其背后的逻辑，从而得到多维不同于传统的教学路径和学习规则。

2.1　传统的教材内容重构思路

2.1.1　专题式重构

数字电子技术课程基本上涵盖了复杂数字系统中的逻辑运算理论和基本单元电路模块[1]。构建一个复杂的数字系统就如同建设一幢高楼大厦，它需要添砖加瓦。图 2.1 通过 7 个专题给出了对教材内容的一种重构方案。

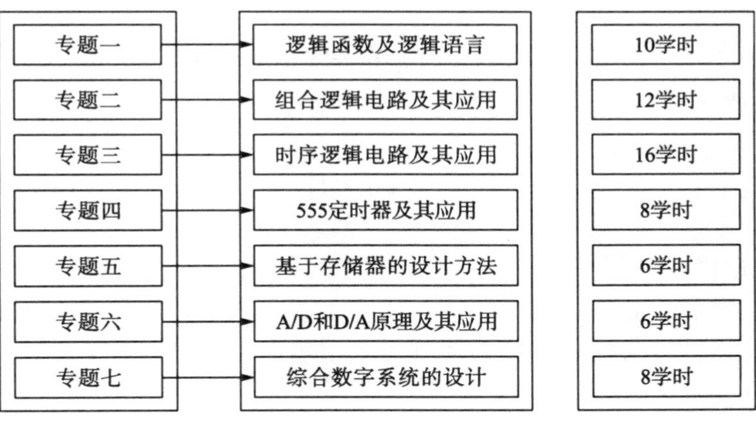

图 2.1　专题式的重构

图 2.1 中，为了重构该课程所要讲授的核心内容，以功能不同的单元数字逻辑电路为出发点、以构建复杂数字系统为目标、以任务为教学情境、以学时为约束条件，对数字电子技术课程的主要教学内容进行了专题式重构。

2.1.2 基于CDIO的重构

CDIO是以产品研发到产品运行的生命周期为载体，让学生能动、实践地进行工程技术的学习，该方法注重培养学生工程观念、基础知识、个人能力、人际团队能力和工程系统能力。为此，可将数字电子技术课程教学内容梳理出原理、设计和应用三条主线[2]，进而将课程教学内容划分成与之对应的三个部分，如图2.2所示。

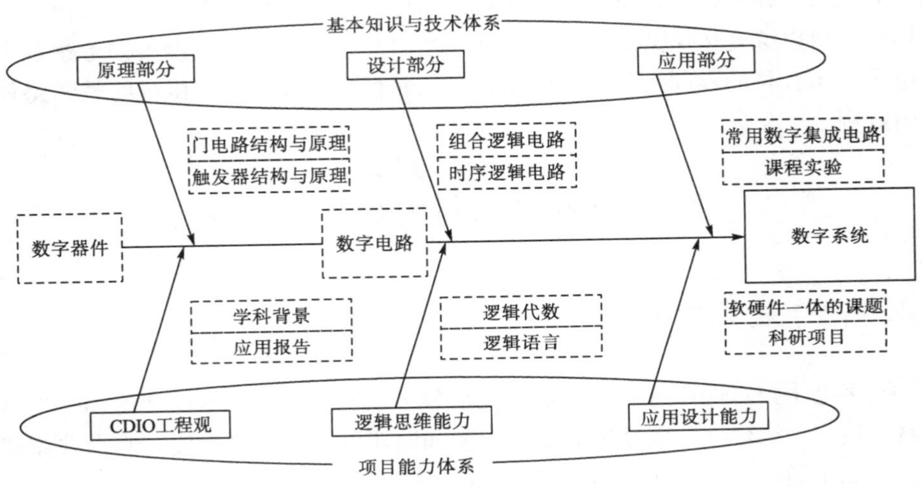

图2.2 基于CDIO的重构

图2.2中，以数字器件、数字电路和数字系统的演进为线索，着眼于知识体系、能力体系的构建。其中虚线框的内容代表教学内容，实线框的内容代表教学内容相应教学的作用。

(1)数字电子技术的原理部分：主要是器件层面，包括逻辑门电路和触发器等。

(2)数字逻辑电路的设计部分：涉及无记忆的组合逻辑电路设计和有记忆功能的时序逻辑电路设计等。

(3)数字电子技术的应用部分：面向数字系统的设计与应用，通过实验、科研课题等形式展开，在方法、技术和工具上包括硬件描述语言、数字综合以及EDA仿真设计等。

2.1.3 基于器件和方法的重构

数字电子技术课程一般可以有两条线索，一条以器件为主线延伸到设计，另一条以设计方法为主线挂机接不同的数字器件。相应重构方式如图2.3所示，将教材内容划分为三大块，在逻辑上依次为基础部分、主体部分和应用部分，并且通过积木式的方式最终完成一个相对复杂的数字系统的构建。其中，基础部分是以器件及其进化为主线，主体部分是以设计方法为主线，最后通过具体的某个综合应用系统整合前面相关的知识及设计方法，水到渠成，是一种较好的演绎式教材重构方法。

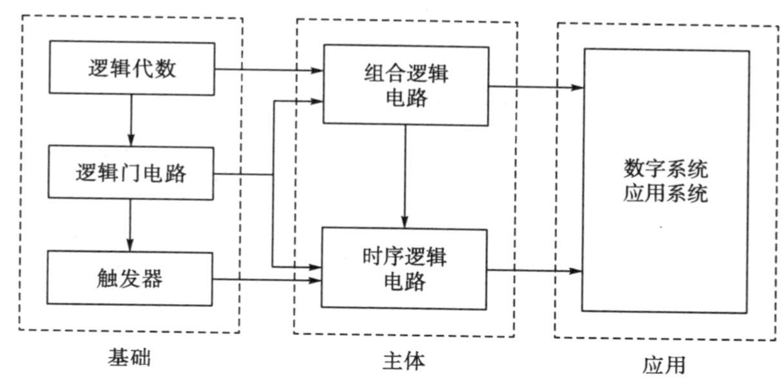

图 2.3　基于器件和方法的重构

2.1.4　职业导向的重构

对于职业教育的相应专业，突出应用技能的培养，注重的是数字电子技术中集成芯片功能的检测、应用，电路功能的测试、扩展及使用[3]。重构的基本原则，第一，要确保甚至要强化“数字电路”课程在相应专业中的地位和作用。第二，对纯理论、纯原理性的内容进行合理分解和适当删减，对于在发展中逐步淘汰的知识予以舍弃，突出功能及新技术应用，加强知识和技能的关联与衔接。将数字电子技术课程中的一种数学工具、两个元器件、三种电路的主要内容，重新整合为 8 个项目 26 个任务，如表 2.1 所示。每个项目都是以电子产品的功能分析、设计制作拟定的，其中包含的任务是与项目对应的知识、方法和技能，以任务的实现为主线重构课程的内容。

表 2.1　一种基于项目的参考课程体系

序号	项目名称	任务分解	能力指标	课时数
项目一	全加器设计与制作（4 个任务、10 个课时）	任务一：数字电路基础	熟悉进制及其转换，掌握逻辑代数的运算规律	2
		任务二：集成逻辑门功能测试及其应用	掌握集成逻辑门的功能及其使用	2
		任务三：多数表决器的功能分析	掌握组合逻辑电路的分析方法及代数化简法	2
		任务四：全加器的设计与制作	掌握组合逻辑电路的设计方法及卡诺图化简法	4

续表

序号	项目名称	任务分解	能力指标	课时数
项目二	彩灯循环器的设计与制作（4个任务、12个课时）	任务一：编码器的功能分析及应用	掌握编码器功能、Multisim 仿真软件应用方法	2
		任务二：译码器功能分析及应用	熟悉并掌握译码器的功能及其应用	2
		任务三：彩灯循环器的设计与制作	掌握彩灯循环器的设计仿真及制作方法	4
		任务四：数据选择器应用及仿真测试	掌握数据选择器应用及其仿真测试方法	4
项目三	抢答器功能的仿真与测试（3个任务、8个课时）	任务一：触发器的功能及应用	掌握触发器的功能及其应用	2
		任务二：寄存器的功能及应用	掌握寄存器的功能及其应用	2
		任务三：抢答器功能仿真与测试	熟悉抢答器的功能测试及制作	4
项目四	计数器的设计与制作（5个任务、14个课时）	任务一：时序逻辑电路的分析方法	掌握时序逻辑电路的分析方法	2
		任务二：集成计数器的分析应用	掌握计数器的分析及应用方法	4
		任务三：计数器的设计与测试	掌握集成计数器的设计及实现方法	4
		任务四：计时器的设计仿真与制作	掌握计时器的设计、仿真测试方法	2
		任务五：序列信号发生器的设计及仿真	掌握序列信号发生器的设计及仿真测试方法	2
项目五	秒脉冲发生器的设计与制作（3个任务、8个课时）	任务一：555 定时器的功能及应用	掌握 555 定时器的功能及应用	2
		任务二：秒脉冲发生器的功能及测试	掌握秒脉冲发生器的功能及测试	2
		任务三：多功能延时灯设计与仿真	掌握多功能延时灯的设计、仿真及制作	4
项目六	DAC/ADC 的功能及仿真测试（2个任务、4个课时）	任务一：ADC 的功能及仿真测试	掌握 ADC 的功能及仿真测试方法	2
		任务二：DAC/ADC 的功能及仿真测试	掌握 DAC 的功能及仿真测试方法	2
项目七	可编程逻辑器件实现十进制计数器的设计与制作（2个任务、4个课时）	任务一：可编程逻辑器件的功能	掌握可编程逻辑器件的功能及其测试	2
		任务二：可编程逻辑器件实现十进制计数器	掌握可编程逻辑器件的应用及其测试	2

续表

序号	项目名称	任务分解	能力指标	课时数
项目八	3个任务中选1个实施（30个课时）	任务一：数字钟的制作与调试	培养“数电”的综合应用能力	30
		任务二：数字钟的制作与调试		
		任务三：交通灯定时控制系统设计与制作		
项目一～项目七共计60个课时，项目八是综合应用能力一周实训项目三选一计30个课时				

国外的一些重构方法旨在打通数字逻辑、计算机组成原理和计算机体系结构等课程的界限[4−8]，这三门课的内容相互独立，与现代电路设计技术脱节。例如，ACM的CS2013规范中数字逻辑课程的知识点，对教学内容进行重新整合进而建立与其他硬件课程之间的关系。知识点对应关系如表2.2所示。

表2.2　对应CS2013规范的数字逻辑知识单元及知识点

知识单元	知识点	课时数	与其他课程的关系
数字逻辑与数字系统	组合逻辑和时序逻辑	8	
	逻辑设计和CAD工具	6	
	状态机，计数器	8	
	数字构造模块	6	
	寄存器传输符号表示/硬件描述语言(Verilog/VHDL)	8	
功能模块	单周期数据通路及实现，包括指令流水线，冒险检测及清除	6	DL讲述单周期，其余CP
计算模型	计算机的基本构造模块和部件(门，触发器，寄存器(DL，CP))互联；数据通路+控制+存储器	6	门，触发器，寄存器由DL讲原理，CP用
	作为计算模型的硬件；基本逻辑构造模块；逻辑表达式，最小化，积之和形式(DL，CP)	6	DL讲原理，CP用

注：DL表示数字逻辑，CP表示计算机组成

2.2　一种基于0、1特性的内容重构方法

本课程在思维方法上帮助学生完成从物理世界向计算机世界的转换，其核心及载体是0和1，因此，以0和1的多维视角作为主线在知识的展现上主体明确、逻辑清晰且方法论模型完整，在对内容侧重点的把握和处理上方便有的放矢，如图2.4所示。

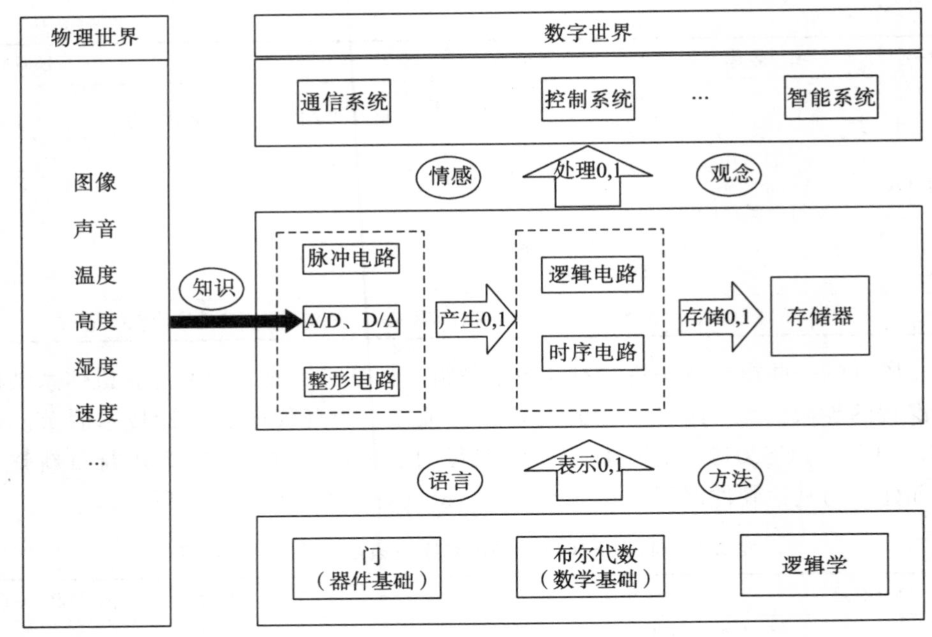

图 2.4 基于 0、1 特性的重构图

图 2.4 中给出了一种 0、1 的全生命周期的全景观，即涵盖 0、1 的表示、产生、处理、存储、传输、应用等相对完整的环节，从而帮助学生理解知识体系的逻辑。从宏观上讲，0 和 1 作为中介连接物理世界与数字世界，0、1 通过抽象和编码可以描述这个世界，进而反作用于物理世界并产生使用价值。两个世界的交互关系涉及信号层面转换及逻辑事件描述语言的转换。在计算机世界，0、1 具有多维、多态特性。在基础层面，0、1 作为一种物质基础而存在，具体包含三层含义，分别是作为一种物理信号的器件基础、作为一种符号的数学基础以及作为一种语言的逻辑学基础，这三层意思共同构成 0、1 的表达能力，即 0、1 的所指和能指。在中间层面，以逻辑电路为载体实现 0、1 的产生、处理及存储。自然界中的物理量几乎都是模拟的，0、1 怎么来的呢？三种方式即脉冲电路、整形电路、模数转换电路。产生的 0、1 如何加工处理？无记忆的组合电路及有记忆的时序电路。第三层是面向应用或面向领域的，处理好的 0、1 要么存储起来，要么进行通信传输与控制，进而进行面向应用的算法处理，如智能系统。第三层是可裁剪的，需要与所教学专业的对应后续课程衔接。具体如下。

(1)针对计算机方向：数字电子技术与计算机组成原理等课程有交叉，在理论教学与实践教学内容上须自然衔接。计算机组成原理课程中经常用到译码器、编码器、数据选择器、数据分配器、队列、堆栈、锁存器、寄存器等器件，计算机组成原理课程的实践教学又需要用到 FPGA、ISP 等高密度可编程器件和 VHDL 硬件描述语言。这两门硬件课程是所有计算机学科学生的专业基础课，是构成学生知识体系的重要组成部分。在教学方法上，也可以进行对比延伸，将计算机硬件单元作为数字电路的一种应用形态来讲。如加法器与计算机的算术逻辑运算器，OC门、三态门与计算机总线，计数器与计算机的指令计数器，触发器、寄存器、RAM与计算机的Cache缓存、内存等，如此让学生有效地把数字电子技术的知识和后续学习有机联系起来，有利于知识的贯通和引导、拓展学生视野。

(2)针对电子控制系统方向：强调系统与控制的内涵，在控制系统中将0、1抽象为数据信号和状态信号的独特思维方法，强调以数字系统为中心的电子控制系统的一般组成结构及控制类型(如开环、闭环等)。

(3)针对人工智能方向：人工智能、机器学习等前沿技术从信号载体的角度讲采用的是二进制语言。因此，学好数字电路，对目前计算机人工智能的研发应用有着至关重要的作用。可从0、1的语言学意义出发，建立软件定义硬件的方法，进而理解机器学习的算法原理。

本章小结

本章提供了5种数字电子技术教材内容的重构方案，除作为一种案例外更意在启发读者的应用和创造，笔者建议教师可以结合各自学校的定位以及所在专业的培养方案统筹考虑，梳理出数字电子技术与相关课程间的逻辑关系、依赖关系以及衔接关系，进而从专业培养方案的高度进行课程内容的深度重构，从而使所在专业的整个课程体系体现出系统性、层次性和综合性，有利于实现模块化的教学。

参考文献

[1] 沈谅平."数字电路"课程专题式教学体系研究[J].高教学刊，2016，(11)：76-77.
[2] 王荣杰，陈美谦，周海峰.基于CDIO教育理念的数字电子技术课程教学模式重构[J].航海教育研究，2015，(1)：58-60.
[3] 孙津平.重构高职数字电子技术课程体系的研究[J].价值工程，2011，30(19)：194-195.
[4] 唐志强，朱子聪.ACM CS2013规范数字逻辑课程知识点分析[J].软件导刊(教育技术)，2016，15(11)：12-13.
[5] 张虹.从数字电子技术教材看中外两本教材的差别[J].电气电子教学学报，2013，35(5)：118-120.
[6] 于歆杰，陆文娟，王树民.专业基础课教学内容的选材与创新——清华大学电路原理课程案例研究[J].电气电子教学学报，2006，28(3)：1-5.
[7] 张艳花.《数字电子技术》精品课程立体化教材的建设[J].时代教育(教育教学版)，2008，(10)：112.
[8] 白中英.数字逻辑、计算机组成原理两门课的衔接性[J].计算机教育，2011，(19)：36.

第二篇　教法篇

本篇面向教师在教学活动中的主导作用，基于 TPACK 的理论框架，探讨国内外数字电子技术教法的新成果，面向学生思维结构探讨数字电子技术课程内容的知识类型及知识的建构方法，进而形成体系化的数字电子技术学科教学知识。教师教学的创造性首先体现在对教材知识体系的处理上。第一篇对教学内容采用解构和重构方法进行研究，本篇在此基础上进一步对重构后的知识点如何加工进行探讨以形成教学知识。教材是把数字电子技术的知识以结论、定论的形式直接呈现给学生，学生看到的是思维的结果而体验不到思维活动的过程。因此，教法的创造性应该面向特定目的动态地优化重组教材的内容，使教材的知识“动”起来，进而形成清晰的、可操作的教学思路，实现教学再创造的过程。

本篇综合了新近国内外数字电子技术教法的新成果，融入教师自己的行业经验、工程实践、科研经历和社会背景知识，对数字电子技术语境下的 TPACK 进行顶层设计，为同行提供了一份成体系的教法“菜单”及知识点的“烹饪手法”。

第 3 章　TPACK 框架下的数字电子技术课堂教学模型设计

3.1　“主体－主导”结构的课堂教学模型

主流的教育理论认为教学结构包括学生、教师、教学内容和教学媒体四要素，各教学要素的时空组合方式或互动的序列生成不同的教学模式[1]。从系统论的角度考察教学模式的组织形式，其中最为核心的是教师和学生两个要素。传统“教师主体”、“学生主体”的教学结构均存在固有缺陷，以学生为中心、以教师为主导的“主体－主导”教学结构应势而生，既要充分体现学生在学习过程中的认知主体地位，又要尊重和挖掘教师在教学过程中的主导作用。基于此，本书提出一种“主体－主导”式课堂教学模型，如图 3.1 所示。

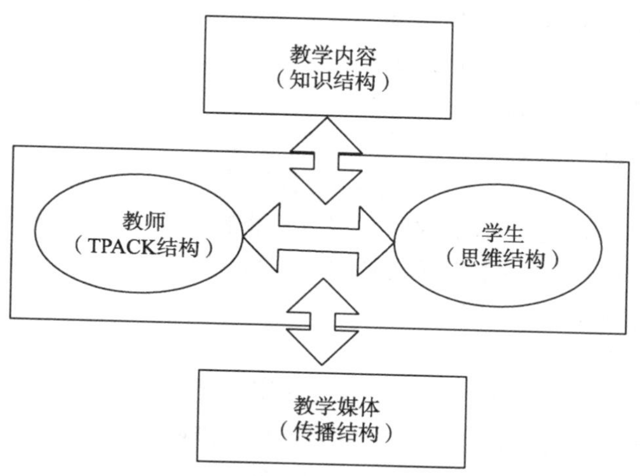

图 3.1　“主体－主导”式课堂教学模型

图 3.1 中，教学双方构成双主体，教学活动表现为教师与学生共同利用教学媒体对教学内容进行加工处理的认知过程。模型中，一方面，“以学生为中心”体现为教学活动的出发点和落脚点均为学生的能力培养，并通过学生思维结构的建构来达成，为此本书在绪论中已论证并提出了一种“面向学生思维要素建构”的五维模型。另一方面，作为教学主导方的教师，倡导新型的师生关系，鼓励各种不同的教和学的方法与策略，教师自身需要理解教师学习、适应以及将这些策略变为现实的方式方法和能力。教师的教学能力体现为 TPACK

结构。TPACK是学科内容知识(CK)、教学知识(PK)和技术知识(TK)三种知识要素互动、整合后形成的一种新知识。教学媒体是广义的，根据“主体-主导”模型，教学媒体的传播结构不仅包含教师侧的形象化演示媒介，更涵盖学生侧用于促进学生自主学习的认知工具以及沟通协作工具，包括慕课、翻转课堂、电子书包、创客等新兴媒介。教学内容的知识结构包含两层意思，既指教材资源的结构也指具体学科知识点的连接结构。根据连接主义学习理论，在数字化网络时代，学生与知识要素的连接关系不再是静态的程序化的知识传递，而是一种学生与知识资源间、知识节点与知识节点间的交叉互联的网络关系。

综上，数字电子技术的课堂教学模型可描述为：面向学生思维结构的建构，以学生为中心，教师利用TPACK领域知识及技能，合理选择教学媒体和工具，挖掘学科内容知识的连接关系，以此为载体实现教、学的协同。

3.2 基于TPACK的教学知识框架

TPACK是指信息技术支持下的学科教学知识框架，对于教师自身的教学知识研究具有重要的指导意义。TPACK在国内外学者的努力下经历了一个较长时期的发展过程，是学科教学知识在信息化条件下的重大发展。早在1986年，美国著名教育家美、国卡内基教学促进基金会主席舒尔曼提出了教师专业知识结构中处于核心地位的学科教学知识。1990年，格罗斯曼将学科教学知识具体解析为四个部分：一门学科的统领性观点(关于学科性质的知识和最有学习价值的知识)、学生对于特定学习内容容易理解和误解的知识、特定学习内容在横向和纵向上组织和结构的知识以及将特定学习内容呈现给不同学生的策略的知识。2005年，美国密歇根州立大学的两位学者Mishra和Koehler对多年教师专业发展项目的实践探索进行了总结，提出了TPACK的理论框架，如图3.2所示。

该框架以一种韦恩图形式给出了内容知识、教学知识和技术知识三种知识要素间的交叉与复合，进而形象地界定出信息技术语境下教师教学应当具备的知识的类型及构成要素，而TPACK是教师知识体系中最核心、最有创造性的部分，是整合学科内容知识、教学知识和技术知识的一种新知识。TPACK框架的提出扭转了传统认知中只强调“技术”和“学生”对技术的自主应用的偏颇，使人们的关注点重新聚焦于“教师所需的知识”和“教师在整合过程中的重要作用”[2]。该框架发展至今已引起国内外教育界的高度关注，可以说TPACK是区分学科专家与教学专家的分水岭，是衡量专家型教师与新手教师的分界线，是制定学科教师专业标准、设计教师教育技能发展指南的重要依据。

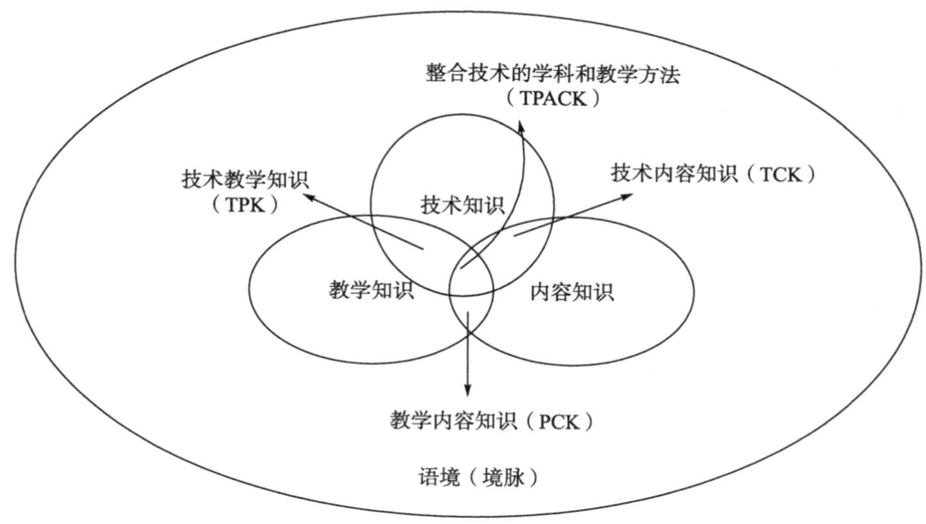

图 3.2 TPACK 知识框架

然而，需要说明的是，TPACK 框架虽具有明确的理论意义，是整合了三种知识要素以后形成的新知识，但由于涉及多条件、多因素的交互作用，被认为是一种“结构不良”(ill-structured)的知识，并且应用信息技术整合于学科教学过程所需解决的问题也被认为是“劣性问题”(wicked problem)，也就是说，TPACK 知识不存在一种理想的适用于所有教师、所有课程或任一教学观念的最佳解决方案，有赖于每位教师自身的认知灵活性根据特定境脉(情境)在三种知识的结合与交叉中去探寻和感悟。TPACK 中的境脉是包含多因素的教学情境，如学科专业的理念和定位，学生和教师的社会特性、心理特性，甚至教室的物理特性等。对于特定学科和相似境脉，成功的 TPACK 具有共性和示范性，非常有必要针对具体学科课程进行实践化、案例化。然而，TPACK 框架在概念的确定性(what)、知识要素关系的原理解释(how)以及框架的使用功能(why)等方面缺乏可操作的实践指南及案例，市面上也尚未见到针对大学某技术专业课的 TPACK 知识读本。为此，本书以数字电子技术为学科蓝本，在 TPACK 框架下进行实践探索，尝试回答数字电子技术这门课程教师所应该具备的知识及技能。本篇第 4、5 章分别针对数字电子技术的技术教学手法、数字电子技术的学科教学知识进行研究，最后在案例篇中针对“结构不良”的 TPACK 知识给出一种适用于数字电子技术课程的参考实施指南。

本 章 小 结

本章以“主体-主导”结构的课堂教学模型为基础，以 TPACK 的教学知识框架为情境，以数字电子技术的课程内容为约束条件，以教师的学科教学知识为目标，从模型上梳理了教学各环节、各角色定位、职能及逻辑关系，为后续章节提供理论层面的依据。

参考文献

[1] 张静. 三重视角下融合技术的学科教学知识之内涵与特征[J]. 远程教育杂志，2014，32(1)：87-95.

[2] 胡立如，张宝辉. 混合学习：走向技术强化的教学结构设计[J]. 现代远程教育研究，2016，(4)：21-31.

第 4 章　数字电子技术的学科教学手法

数字电子技术应该“怎么教”？教师应该具备什么样的学科教学知识？这个问题可以解构为有哪些“教法”以及如何利用这些“教法”。舒尔曼认为教师专业知识包括 7 个方面，即学科知识，一般教学知识，课程知识，学科教学知识（教学内容知识），学习者及其特点的知识，教育情境知识，关于教育的目标、价值以及它们的哲学和历史背景的知识[1,2]。各知识间的逻辑如图 4.1 所示。

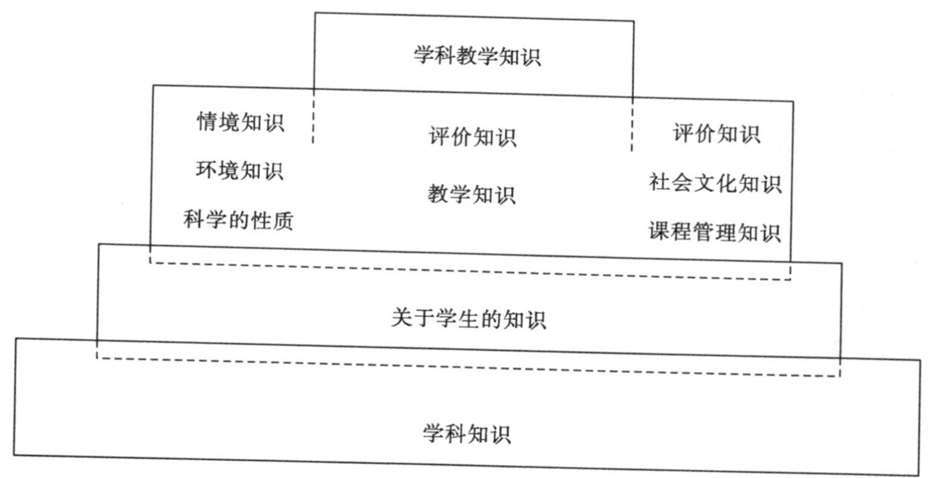

图 4.1　学科教学知识的结构

学科教学知识(pedagogical content knowledge，PCK)将学科知识与教育学知识结合起来，形成一种新的教师知识，指导如何根据学习者的不同兴趣和能力(关于学生的知识)将特定主题、问题和事件组织起来，并以教学的方式加以呈现。学科知识的表征以及学生在学科知识上的学习困难和概念理解被认为是 PCK 的核心部分，后者包括学生的迷思概念、基于先在经验解读新知识而得的初步理解、关于主题的预想、学习学科知识可能产生的困难、如何将概念和策略联系起来解决问题。PCK 是学科知识中可教的形式的知识，是在学科特定领域内与教学能力相关的部分，教师能以多种方式呈现教学内容，易于学生理解。本章研究并归纳了现有主流文献资料，对国内外的教法进行综述研究，以期为同行提供一份适用于数字电子技术学科的成体系的教法“菜单”。

4.1 数字电子技术的教学知识

教学知识是指一般性的教学原则与策略，适用于各个学科，包括教师对教学策略、方法的认识，有关教学目标、教学计划的制定与实施等各方面的知识[3]。其在教学过程中主要体现在教师对教学法的选择和实施上。不同课程其教学目标、学科性质等不尽相同，因此教学知识须与学科知识相结合。下面根据国内外相关学术文献及作者的教学实践总结出针对数字电子技术这门学科的行之有效的教法“菜单”。

4.1.1 讲授式教学法

讲授式教学法作为最为传统的一种教学手法，凭借其自身特点及独特的优势并没有退出历史的舞台。作者认为讲授式教学法的优势主要存在于两方面：一方面是讲授式教学法本身对环境、设备、技术依赖较小，具有经济、高效、直接等特点，对于理论知识的教授、思维的点拨不可或缺；另一方面，能方便嵌入到其他教学法中，其他先进的教学法在功能上、形式上或多或少都需要讲授式进行补充。

然而，由于讲授式教学法在实践上往往出现以教师为中心的现象，所以也存在着几大明显缺点，对于数字电子技术学科而言，在该教法的使用上要合理发扬其优点克服其弊端。

(1)学生过于被动，容易让学生产生依赖感。讲授式教学法的一大特点是由教师单方面策划和设计课件，在实施过程中也是主要支撑力。因此，教师在实施讲授式教学法时一定要注意自身因素，把握讲授式教学法的教学原则。数字电子技术是技术课、工程课，需要将学生置入问题情境中让学生主动构思和创造，然而讲授式教学法形式太过单调，再加上作用的对象本来就是理论性知识，很容易让学生产生课堂厌恶感，脱离课堂。另外，讲授式教学法一般按统一教材、统一要求、统一方法来授课，学生的参与性稍差。

(2)数字电子技术课程所涉及的内容众多，教材一般对各个知识点之间联系性阐述不够。因此，教师在实施讲授式教学法时，应重点提炼并总结各个知识点之间的关联，尽量做到知识的渐进性。例如，在讲解“脉冲触发的触发器”时，可以以上一节的“电平触发的触发器”为背景，提出触发方式的进化与评价方法，这样既可以复习已学知识，又可以进行对比教学，强化学生的工程意识和思维能力。

(3)教学内容的选择性。“数字电子技术”知识内容较多且工程性、技术性较强，如果全部内容都进行讲授式教学，不仅需要大量时间，而且学生很容易疲劳。教师应根据自己的授课经验和专业特点对课程内容进行合理筛选。

(4)教师的语言艺术。教师的语言是一种技巧，也是一门艺术。实施以“讲述”为主的讲授式教学法，教师应该注意自己的语言风格，注意表述方法的科学性、启发性、逻辑性和生动性。数字电子技术面向的都是理工科的学生，他们尤其喜欢风趣幽默的教学风格，因此，在实施讲授式教学法讲清课堂知识的基础上，一定要注意授课风格、活跃课堂气氛，如可以多采用总结口诀、引入时事、比喻对比等手法。

总之，讲授式教学法作为最传统的教学法，是每个教师必须掌握的。另外，对于讲授式教学法，建议重点放在对知识点的引导、建构以及对思维方法的点拨上，并且尽量与其他教学法进行配合使用。

4.1.2 启发式教学法

启发式教学是教师在教学过程中根据教学目标的要求对学生采用诱导和启发的方式来进行教学，启发式教学强调教学过程中要以学生为主体，要设法充分调动学生学习的积极性与主动性[4]。其实对于启发式教学，早在战国时期就有相关描述，《论语》中“不愤不启，不悱不发，举一隅不以三隅反，则不复也。”的直接意思是：不到学生努力想弄明白而不得的程度不要去开导他；不到他心里明白却不能完善表达出来的程度不要去启发他。如果他不能举一反三，就不要再反复地给他举例了。孔子的主要思想是：不要轻易地把答案告诉学生，也不要过多地替学生思考，更不要给学生灌输标准答案，教师要做的不是去替学生举一反三，而是启发学生去举一反三。这便是启发式教学法的核心思想。

回到数字电子技术课程，数字电子技术是一门具有很强工程实践性质的课程，包括对元器件识别、电路理解、电路分析、电路设计等都是课程中不可缺少的环节，是关于数字系统设计和分析的基础性课程。课时的压缩，使得理论课“教师难教，学生难学”，实验课同样课时少、实验手段单一等，导致实验课上较大篇幅停留在“模仿性验证实验”，而缺少举一反三的“设计性、创新型实验”。而如果在数字电子技术中引入启发式教学，解放学生，让学生有一定自主探索的时间及空间，锻炼学生自主创新的能力，那么可以较好达成课程目标。

由此可见，启发式教学法应用于数字电子技术这门学科是值得提倡的，根据国内外的相关参考文献及教学实践，启发式教学有相对规范化的流程，大致包含如图 4.2 所示的几个环节。

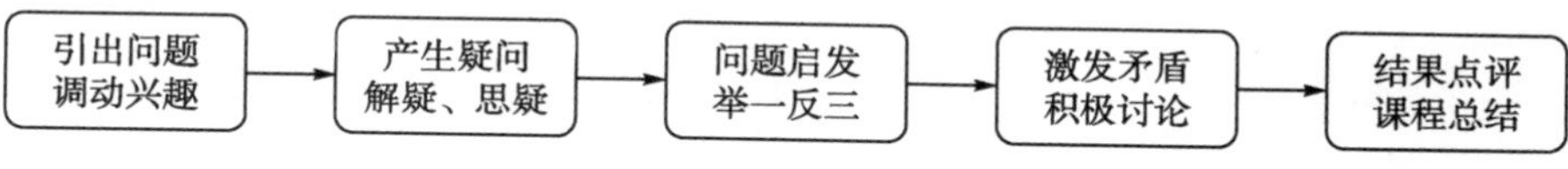

图 4.2 启发式教学法的实施流程

(1)植入情境引出问题，调动兴趣。上课开始时，根据具体教学内容植入生活情境，包括以时事新闻开始谈及学生感兴趣的话题，作为铺垫，引出课题。

(2)产生疑问，解疑、思疑。由上一步提出的问题产生疑问，并进行适当的解疑，可给出多种问题答案(并非最终正确答案)，让学生思考答案的正确性。

(3)问题启发，举一反三。点出上一步给出的答案并不能很好地解决问题，引导学生继续思考，进行举一反三。

(4)激发矛盾，积极讨论。到这一步，学生应该都会提出一些答案，这时不要轻易给出结论，而是点出已有答案问题所在，并积极引导学生进行讨论，提升思维的深度。

(5)结果点评，课程总结。给出最终答案，点评结果，让学生回顾解决问题的完整思路，并进行课程总结。

启发式教学法不论在提高学生主动性，还是在培养学生的创新能力上，都有很好的效果，但并不是完全按上面的步骤进行生搬硬套，仍有很多需要注意的原则及技巧，例如：

(1)启发式所选的问题一定要紧扣课题及知识点，难度适中，最好在一次课的时间内学生能完成启发式教学的所有步骤，不能过于发散。

(2)教师的启发力度要适中，最好让学生处于似懂非懂、半知半解的状态，启发力度过大，容易让学生处于被动学习的状态，启发力度过小，容易让学生失去兴趣。

(3)启发的方式是点拨式，在手法上包括方向诱导、纠错点拨、提示点拨等。

【案例 4-1】 CMOS 反相器

以 NMOS 反相器为例，从 NMOS 反相器存在的问题出发，运用启发式教学法，逐步引导学生探究 CMOS 反相器的构成过程。

教师：介绍 NMOS 反相器，引出问题——生疑。

教师：给出 NMOS 反相器电路图(图 4.3)，其组成结构是一个 NMOS 管和一个电阻 R，并引导学生分析其工作原理。

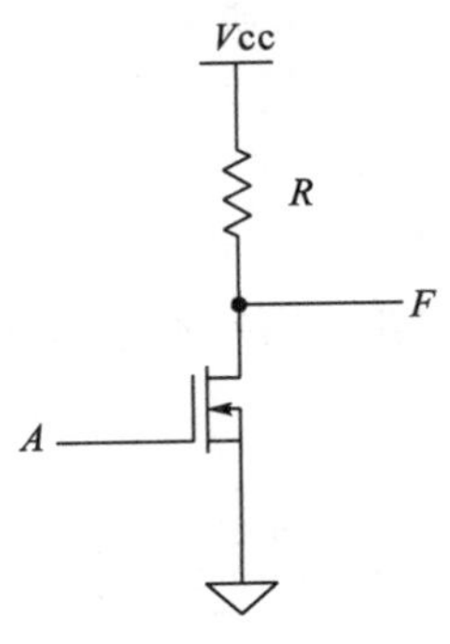

图 4.3 NMOS 反相器

学生：当输入 $A=1$ 时，NMOS 管导通，输出 $F=0$；当输入 $A=0$ 时，NMOS 管截止，输出 $F=1$。该电路具有反相功能。

教师：引导学生分析当 A 的输入变化时，电阻 R 的情况。

学生：分析当输入 $A=0$ 时，NMOS 管截止，漏极 d 和源极 s 之间的电阻很大，输出端 F 通过上拉电阻 R 到电源 V_{CC} 获得高电平，为了得到理想的高电平，电阻 R 上的压降应尽量小，此时要求电阻 R 较小。当输入 $A=1$ 时，NMOS 管导通，漏极 d 和源极 s 之间的电阻很小，输出端通过导通的 NMOS 管到地获得低电平，为了降低电路的功耗，此时要求电阻 R 较大。因此，输入 $A=1$ 和 $A=0$ 时，电路输出端 F 对电阻 R 的要求是完全不一样的。然而对于一个具体的 NMOS 反相器电路来说，电阻 R 的值是相对固定的，与上述要求是矛盾的。

教师：继续进行引导，明确研究方向，即寻找随电压变化的电阻。

学生：根据前面的知识，会想到压敏电阻。

教师：纠错点拨，压敏电阻不能与 NMOS 管集成在一起。

学生：产生疑问，什么样的电阻既可以和 NMOS 管集成，又能随电压变化而变化？

教师：根据课堂情况解疑，提出 PMOS 管。如图 4.4 所示，若栅极 g=0，PMOS 管导通，源极 s 和漏极 d 之间的电阻很小；若栅极 g=1，PMOS 管截止，源极 s 和漏极 d 之间的电阻很大。由此可见，PMOS 管的源极 s 和漏极 d 之间的等效电阻就是一个可随输入电压变化而变化的电阻，这正是要找的那种电阻。

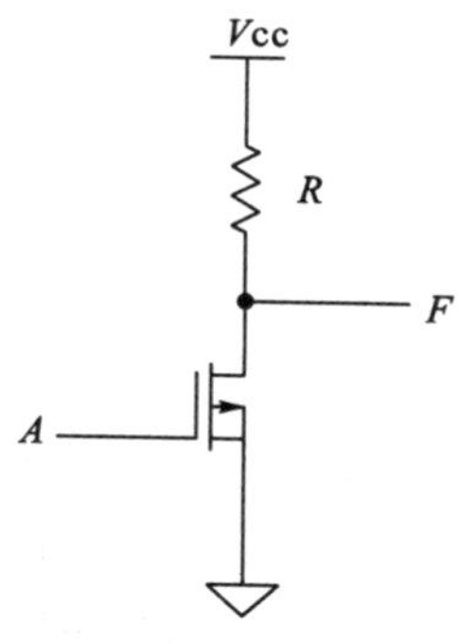

图 4.4　PMOS 管

教师：继续生疑，用 PMOS 管是否能完全替代图 4.3 中的电路对电阻 R 的要求？

学生：如果用 PMOS 管去代替 R，那么是否能满足反向功能？

学生：思考把图 4.3 中的电阻 R 换为 PMOS 管后，就得到图 4.5 所示的 CMOS 反相器电路图。若图 4.5 的输入 A 为 0，NMOS 管 Q_1 截止，PMOS 管 Q_2 导通，Q_2 的源极 s 和漏极 d 之间的电阻很小，则输出端通过导通的 Q_2 到电源获得高电平。然而，若图 4.5 的输入 A 为 1，NMOS 管 Q_1 导通，PMOS 管 Q_2 截止，Q_2 的源极 s 和漏极 d 之间的电阻很大，则输出端通过导通的 Q_1 到地得到低电平。满足需求。

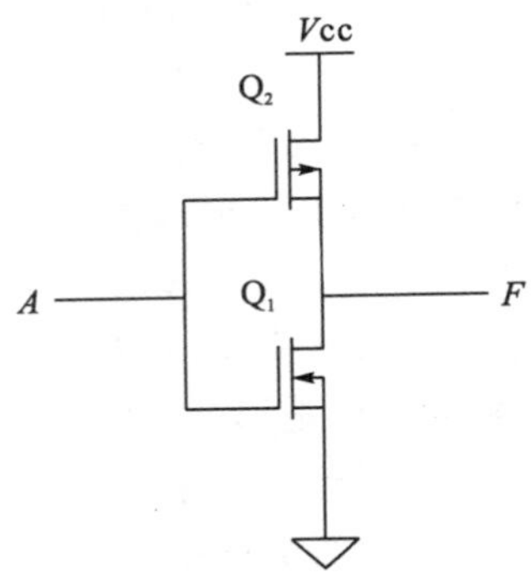

图 4.5 CMOS 反相器

学生：总结并给出结论，即可以替代。

教师：解决疑问，这就是 CMOS 反相器。

（改编自文献[5]：CMOS 反相器和传输门的教学实践 唐普英，姜书艳）

案例点评： CMOS 反相器是数字电子技术中最基本的逻辑电路，也是学生最先接触的数字电路，所以大部分学生怀着新奇的态度，如果采用启发式教学，不仅能很好地讲清课程内容，而且能大大提升学生对这门课的兴趣。此外，本案例的设计步骤基本是按照图 4.2 的设计流程进行的，可很好地帮助读者理解启发式教学法。

4.1.3 案例教学法

案例教学法是指教师通过采用案例引导来阐述理论知识，学生通过案例的研究分析加深对理论知识的理解，在教学实践中通过深入讨论，激发学生的学习兴趣，促进学生思考，提高学生分析、归纳、总结能力[6]。

目前数字电子技术传统的教学模式，基本采用的是“理论+实践”的模式，即上理论课时介绍课本上的理论知识，而对理论知识的验证、应用放在实验课中。这种分离有分工专业化的好处，但也会造成课堂教学中教师讲授的知识、案例的设计都是“以教材为纲”的倾向。而根据本书对教材资源比较研究得出的结论，教材内容往往滞后于数字电子技术及产业的发展，因此，在案例的构思、选择、设计上如果还采用以前旧的课件、案例和素材，就会导致学生的知识、技能与工程实际脱节，与培养创新型人才的教学理念背道而驰。所以科学、合理地进行案例教学就显得格外重要。

案例教学法作为一种交互式教学方法，在数字电子技术课程的教学过程中，能够调动学生的学习主动性。教学中，不断地提供新的、有实际应用的、有工程背景的案例，可以帮助学生理解行业的价值和使命，有利于学生精神始终保持最佳状态，提高学习效率。此外，案例教学法最大的特点就是它的真实性(或模拟真实性)，加之采用形象、生动、直观的表现形式，给学生一种身临其境之感。案例教学法的学生参与性较强，能够集思广益，而非教师“一人独唱”，师生通过在具体情境中相互探讨，训练工程思维，让技术产生价值，学生在开阔视野和思路的同时能感受一种价值实现的成就感。

当实施案例教学法时，也需要注意以下几点。

(1)案例真实可信，与课程知识紧密结合。案例是为教学目标服务的，因此，它必须与所教内容紧密相连，不然就失去了案例教学的意义。另外，案例一定是经过深入的调查研究，决不可由教师主观臆测，虚构而作。真实案例或改编自真实案例的场景往往能还原设计场景，在生活情景中学生更容易对电路作品进行合理的评价，进而激发学生的创新思维。

(2)案例表现形式要多样化。可以建立教学案例库，库中的案例具有多种表现形式，如课堂上的设计、课后的探究、课后的社会实践、产业化的参观等。案例可以是直接的也可以是间接的，可以是完整的也可以是片断的，因知识点而异、因学情而不同。

(3)案例的结果具有“弹性”。案例最好有明确的情境、问题及设计约束，而案例问题解决的结果最好不是单一甚至唯一的，要留有余地，后面未完成的部分，应该由学生完成。假如结果是显而易见的，那么这个案例就不会引起争论，也失去了讨论的价值，学生更不会铭记。

由于案例的特异性，案例教学法并没有一个一成不变的模式或步骤[6]，根据国内外的教学实践情况，一种比较常见的案例教学法设计流程如图 4.6 所示。

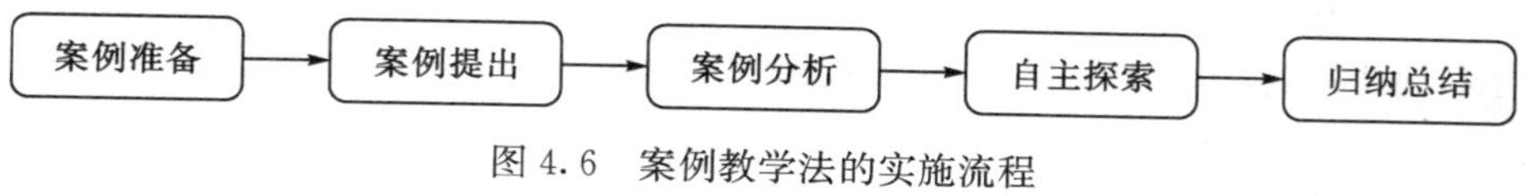

图 4.6　案例教学法的实施流程

(1)案例准备。主要是指教师的准备，包括选择案例、设计案例的情景、案例所需的环境及工具等。

(2)案例提出。在尽可能合理的情景中提出案例的设计背景，明确设计要求，如功能指标、性能参数等。

(3)案例分析。对提出的案例进行分析，包括案例结构分析、案例逻辑分析、案例电路分析等(不同案例，情况不同)。

(4)自主探索。留出一定的时间和空间，让学生沿着设计目标进行自主探索，对所学知识进行加工和创造。

(5)归纳总结。对学生探索分析的结果进行总结归纳，包括学生自评、交叉点评以及教师总评。

【案例 4-2】 举重裁判器的设计

教师：根据案例提出设计要求。

(1)有三名裁判(包括一名主裁判和两名副裁判)参与投票表决。

(2)每名裁判都有一个表决器。

(3)表决器有两种状态："通过"和"不通过"。

(4)在三名裁判中，必须要有两人以上(而且其中必须包括主裁判)认定合格，试举才算成功。

(5)显示试举成功的投票结果。

教师：确定所设计内容的框架及重难点，如图 4.7 所示，要求学生对此分析。

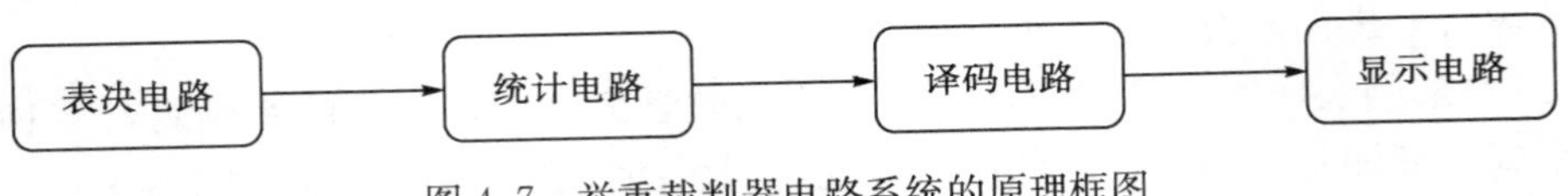

图 4.7 举重裁判器电路系统的原理框图

学生：分析逻辑抽象是否合理，并尝试设计不同的方案。

教师：让学生合理选择译码器、显示器记忆与或门等，并有一个整体的设计方案，组织学生就方案进行分组讨论。

学生：学生进行分组，共同讨论方案的可行性，进一步完善设计方案，最后用 Multisim 进行仿真。

教师：组织学生就设计出的方案进行讨论，评选出大家认可的最佳方案。

学生：比较其他小组的方案，提出各个方案的优缺点。

教师：点评相对较好的学生设计，对经常出现的问题进行针对性的指导，并且对本设计中的主要电路如何应用到其他场合进行详细讲解和举例。

(案例改编自文献[7]：《数字电子技术基础》课程引入案例教学法的研究与实践 申玉坤)

案例点评：举重裁判器是生活中广为熟知的一个案例，学生对设计的功能需求易于把握，教师可以把重心放在后面学生的构思、方案的设计和作品的评价上，让学生体验并建立一个全景图式逻辑电路设计过程。

【案例 4-3】 汽车尾灯控制系统

教师：根据案例提出设计要求。

(1)显示电路用六个发光二极管模拟汽车尾灯，汽车正常行驶时指示灯全灭。

(2)右转弯时，右侧三个指示灯按右循环顺序点亮。

(3)左转弯时，左侧三个指示灯按左循环顺序点亮。

(4)临时刹车时所有指示灯同时闪烁。

教师：提出重难点——指示灯的循环点亮怎么设计?

学生：分析逻辑抽象是否合理，结合教师提出的重难点，分析译码器的选择。

教师：提醒需要指示灯循环点亮，需要用到的器件——时序逻辑电路中的概念——计数器。

学生：根据教师的提醒，分析如何实现指示灯的循环点亮。

教师：提出其他器件的选择，如该计数器为几进制、采用哪种触发器、具体的芯片型号。可考虑设计一个三进制计数器，其输出端连到译码器的输入端，从而控制尾灯按要求点亮。图 4.8 为该汽车尾灯控制系统方框图，详细电路不再赘述。

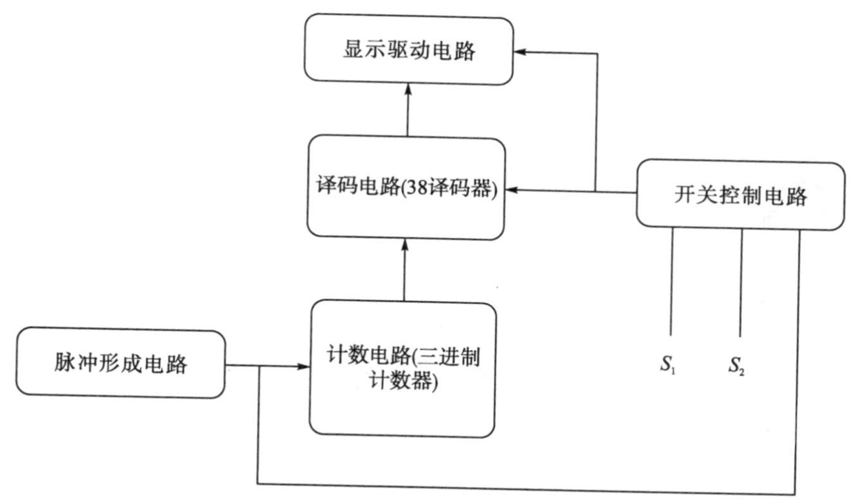

图 4.8　汽车尾灯控制系统方框图

学生：就教师提出的整体方案进行小组讨论分析。

教师：根据实际课程计划，可以要求学生进行进一步仿真验证，也可将该案例嵌入到下面介绍的“项目驱动教学法”中的某个大型任务中整体安排。

(案例改编自文献[8]：数字电子技术课程中的案例教学浅析　李皓瑜)

案例点评：汽车尾灯控制系统案例相比于前面的案例要更复杂也更具工程意义，其工程性主要体现在对尾灯的开关和组合方式的多样性理解上，而正是这种方式不确定性提供的创造空间，可以为学生建立争论点和思考点，提高讨论的价值。

4.1.4 任务驱动教学法

任务驱动教学法是一种建立在建构主义学习理论基础上的教学方法[9]，该教学方法把教师传授知识转变为学生自己提出问题，通过教师的点拨、学生思考、自己分析研究解决问题，是引导型教学方法中的一种。

数字电子技术是一门操作性和实践性很强的课程，所涉及的电路及芯片类型很多，尤其是各种元器件的种类、型号、功能等多种多样。课程的精髓之一是在器件的基础上灵活运用以构建丰富多彩的应用，因此，基于任务驱使，学生能主动了解、使用甚至制作这些器件及电路。任务驱动教学法将学生置入发现问题、分析问题、解决问题的循环过程，凸显数字电子技术课程的应用导向。与案例教学法类似，任务驱动教学法也很注重学生在教学过程中的主体性和主动性，但二者存在一定的区别。

(1)教学载体不同。案例教学法的教学载体是“案例”，案例可以是真实的，也可以是虚构的，教师主要通过对案例的讲解，让学生去学习知识、加深印象；而任务驱动教学法的教学载体是“任务”，所有教学活动都是以“任务”为线索，任务一般有相对完整的应用场景。

(2)教学目标不同。案例教学法的主要教学目标是教师通过案例的展示和讲解，起到一种示范作用，旨在触发学生举一反三的能力，注重的是对知识本身的理解和掌握；而任务驱动教学法则更注重工程本身的使用价值，旨在将知识、思维、技能联动起来，侧重学生的实际动手能力和技术素养的培养。

(3)实施要求不同。设计案例教学法时，主要要求是案例与课堂之间的关联性以及案例对知识点的针对性；案例一般是独立的，案例间没有必然的联系。而设计任务驱动教学法时，比较关键的要求是任务的难易度与学生水平的匹配性，以及任务本身的层次性、综合性；任务一般具有延续性和扩展性，任务间的级联可构成更大的任务。

在数字电子技术中实施任务驱动教学法对教师也是一种考验，因为整个任务是由教师设计的，教学效果的优劣直接取决于任务的选取。所以在选择任务时，思考的点很多，作者根据国内外参考文献结合自身经验，概括总结为以下几点：首先，任务的选择要结合实际，包括任务本身的可行性、学生的实际水平、学校环境状况和市场发展情况；其次，任务本身是一个渐进的过程，因此对任务的进程要合理安排，例如，组合逻辑电路的分析和设计时，可以将一个整体任务分解成几个小模块，并将整体任务流程分成几个时间段，要求学生在规定的时间段内完成相应的小模块，这样一步一步推进任务，最终完成整个任务；最后，在任务驱动实施的过程中，师生的定位一定要明确，“以学生为主体，教师为主导”，在任务实施过程中遇到问题时，需要合理分析学生情况，把握提示的力度。

任务驱动教学法的基本步骤是以“任务”为线索。师生共同活动来推进整个任务的进程。综合相关文献将其实施步骤总结，如图4.9所示。

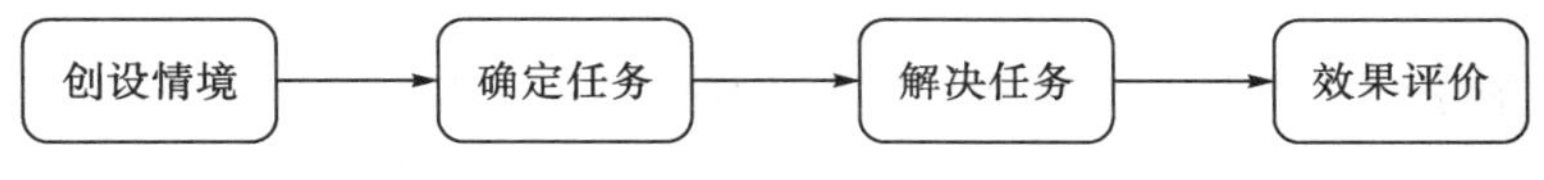

图4.9　任务驱动教学法的实施流程

(1)创设情境：创设与当前学习主题相关的任务，引导学习者带着“任务”进入学习情境，使学习直观化和形象化。

(2)确定任务：在创设的情境下，选择与当前学习主题密切相关的真实性事件或问题(任务)作为学习的中心内容，让学生有一种使命感和荣誉感。

(3)解决任务：根据确定的任务，教师可提供部分线索和资源，但不主动参与讨论，培养学生主动学习、合作解决问题的能力。同时，倡导学生之间的讨论和交流，通过不同观点的碰撞、补充和修正加深每个学生对当前问题解决方案的评估。

(4)效果评价：对学习效果的评价主要包括两部分内容，一方面是对学生的解决方案本身的评价，即所学知识的意义建构的评价，另一方面更重要的是对学生自主学习及协作学习过程和能力的评价。

【案例4-4】　模拟《开心辞典》抢答现场

(1)创设情境。

精心创设情境，激发学生的学习好奇心，调动学生的学习兴趣。本堂课通过模拟《开心辞典》抢答现场，展示四路抢答器的要求，引出本堂课的教学内容。通过这样一种形式，学生觉得非常有趣，急于探究结果，于是主动地思考、解决问题，最大限度上激发了学生主动思考的意识。

(2)确定任务。

本堂课的主要内容是学习D触发器的应用，结合教学目标及学生学情，以学生的认知规律为依据，确定教学任务为D触发器的认知、74LS175的逻辑功能的验证，以学生的角度出发，本任务又分解为两个子任务：

①熟悉D触发器的电路结构、逻辑符号和逻辑功能表，根据抢答需求进行逻辑设计；

②在实验箱进行线路装接并进行74LS175集成D触发器的逻辑功能测试，将任务进行分解，分别以提高学生自主学习能力和动手操作能力为目的。

(3)解决任务。

解决该任务的步骤可分为五个阶段。

①知识获取环节：展示四路抢答器的功能，引出本次任务即D触发器的

应用。

②方案设计环节：将全班 20 名学生分为 4 个小组，每组指定小组组长，根据任务要求，教师引导学生以小组为单位查阅资料，设计抢答电路方案，并记录设计过程。

③方案评估环节：在教师的主持下，每组组长总结成员的思路和方案。通过班级大讨论，完善各小组的方案。教师及时做出评价。

④方案实现环节：在教师的引导下，学生按任务书上的接线图在实验箱上完成线路的连接，教师巡回指导，提醒注意事项并对学生的操作工艺和安全文明生产等方面做出评价。

⑤方案验证环节：在线路检查无误的情况下，以组为单位展开讨论，分析并动手进行电路测试，要求当 D 为 0 时，测试初始状态分别为 0 和 1、触发脉冲 0—1 和触发脉冲 1—0 时的输出状态，当 D 为 1 时，测试初始状态分别为 0 和 1、触发脉冲 0—1 和触发脉冲 1—0 时的输出状态，分析记录实验结果，每组派代表总结实验结果。学生经过一番动手，有了兴趣，这时教师顺势引导学生展开大讨论，师生互动，共同总结得出结论。教师对学生的调试步骤、熟练程度以及调试结果做出评价。

(4)效果评价。

在任务实施的过程中，教师及时对学生任务完成情况和学生的学习状态做出评价，肯定学生成绩的同时也要提出不足，并给予合理的建议，促进学生更好的学习。评出优秀个人和优秀小组。以此激励学生的学习积极性，调动课堂气氛。

(改编自文献[9]：任务驱动教学法在《数字电子技术》教学中的实践　孙陈英)

案例点评：此案例是一个比较典型的任务驱动教学示例。首先，从选题来说，此示例来自著名综艺节目《开心辞典》，会提高学生的兴趣；其次，示例中的教学法的实施步骤结构严格遵守任务驱动教学法的设计流程；最后，针对任务驱动教学法中的关键步骤——解决任务，示例中给出了十分详细的任务切分过程，将一个复杂任务分解成几个简单任务，为读者在今后实施任务驱动教学法解构复杂问题时提供了很好的范例。

4.1.5　项目驱动教学法

项目驱动教学法也称项目教学法，是通过实施一个相对完整的项目而进行的教学活动，目的是在课堂教学中把理论与实践教学有机地结合起来，充分发掘学生的创造潜能，提高学生解决实际问题的能力。其核心是：不再把教师掌握的现成知识技能传递给学生作为教育的唯一目标，或者说不是简单地让学生按照教师的安排和讲授去得到一个结果，而是在教师的指导下，让学生边做边学，把看到的、听到的、手上做的结合起来。学生在寻找这个结果的过程中，学会思考，学会发现问题、解决问题，进而增强信心、提高学习积极性、锻炼能力，最终进行作品评价及自我评价。

项目驱动教学法和前面讲到的案例教学法、任务驱动教学法有相似的地方，但并不相同。区别于案例教学法，项目驱动教学法具有一定的时空跨度，通过对教材、课程乃至后续专业实训的联动，实施具有系统性、逻辑性、完整性的教学活动，可将所学知识进行串联、组合和发散；而案例教学法中的案例往往是孤立的，面向的是单一问题，一般不具有前向衔接性和后向延续性；项目驱动教学法与任务驱动教学法的区别主要表现在周期长短、教学职责、培养目标、产品价值等几个层面[10,11]。

项目驱动教学法有一套比较系统的教学规范[12,13]，其教学实施的主要步骤也相对明确，总体架构及流程总结如图 4.10 所示。

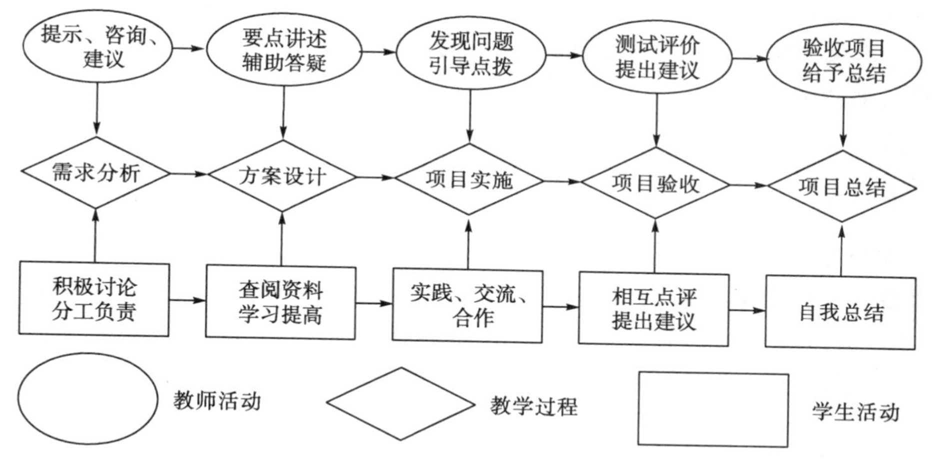

图 4.10　项目驱动教学法的实施流程

【案例 4-5】　楼道声光控制灯的设计

(1)需求分析。

本项目需要设计一个楼道声光控制灯，即能够通过声音、光线进行亮灯与否的智能选择，同时要求灯具备延时熄灭等功能。

(2)方案设计。

根据项目的需求，引导学生对楼道声光控制灯整个项目任务进行细化。分析可知，此项目大致需要以下几个模块：声控电路模块、光控电路模块、放大电路模块以及单稳态延时电路模块等。

同时，引导学生理解各电路基本功能以及实现原理，明确方案。光控电路是根据光线的强弱来优先决定电灯的亮灭。声音信号由驻极体话筒 BM 接收，经过反比放大，放大的信号送到 NE555 定时器的 2、6 脚。该电路可以对声控延时电路进行控制，在白天光线较强时，该电路在光控电路的作用下，处于关闭状态，对任何声音信号都不响应，在晚上光线较弱时，光控电路将该电路的功能打开，使得该电路能根据外界声音信号做出相应的响应。NE555 定时器的输出去控制 74HCl23 声控延时电路。该电路主要在光线较弱时起作用。这主要是通过光控电路的输出来控制的。

(3)项目实施。

由于此项目细分为 4 个模块，所以需要将学生分成 4 个小组，分别对对应小组的任务进行布置。

①声控电路小组。能够完成接收声音信号，并通过声音信号来控制灯的开关，选择器件并进行电路制作。

②光控电路小组。能够完成接收光信号，并通过光信号来控制灯的开关，选择器件并进行电路制作。

③放大电路小组。能够设计完成将声音信号线性放大的放大电路，并选择器件进行电路制作。

④单稳态延时电路小组。能够达到延时熄灯效果，选择器件并进行电路制作。

(4)项目验收。

前面的任务分组完成的只是楼道声光控制灯的各大主要模块的功能，而通过方案设计可以发现，这些电路之间并非独立，而是具有很强的关联性。例如，当光线较强时，声音电路将不再拥有控制灯开与关的能力。所以，当各小组项目进行到一段时间后，需要对其进行验收和归总。需要各小组之间合作交流，共同完成完整的“楼道声光控制灯”制作。

(5)项目总结。

任务验收及答辩，学生以小组为单位展示任务过程及结果，小组间进行交叉互评，最后教师进行总结性点评。

(改编自文献[14]：项目教学法在“数字电子技术”中的运用　罗小刚)

【案例 4－6】　多功能数字钟的设计

(1)提出项目目标。

设计一个多功能数字钟，能够以 24 制来显示时间，并具有“时”“分”“秒”的显示和校准功能，为对应秒计时要具有秒闪功能。

(2)分析项目需求。

根据任务目标要求，引导学生对数字钟的需求进行细化。分析可知，大致需要以下几部分：振荡器、分频器、译码显示电路、时分秒计数器、校准电路。

(3)项目实施。

由于此项目细分为六个部分，所以需要将学生分成六个小组，分别对自己小组的任务模块进行完成。

①分频电路小组。能够完成计时所用的1Hz频率脉冲和校准时所需的2Hz频率脉冲，选择器件并进行电路仿真。

②秒闪烁小组。具备秒闪烁功能，选择器件并进行电路仿真。

③计数电路小组。能够满足时分秒各种进制下计数，选择器件并进行电路仿真。

④显示电路小组。能够对时分秒进行显示，选择器件并进行电路仿真。

⑤校准电路小组。能够实现时间校准，选择器件并进行电路仿真。

⑥分工完成后，便正式启动任务。

(4)项目阶段性验收。

前面的任务分组完成的只是数字钟的各大模块，当任务进行到一段时间后，需要对其进行任务归总。完成各个模块的电路设计后，需要按照选择的器件和电路制作电路板，并焊接进行电路调试，完成完整的数字钟制作。

(5)项目验收和总结。

验收完整任务，展示任务结构；并对这次教学过程给予评价。

(改编自文献[15]：基于Multisim 10.0的《数字电子技术》任务驱动教学法　程珍珍)

案例点评：此案例虽然篇幅不长，但无论从任务量还是任务周期相比于前面的案例都是比较长的，这是项目驱动教学法的一大特点。项目驱动教学法是一套比较系统的教学法，需要学生进行分工协作完成。本案例中很好地体现这一点，将学生分成小组，每组完成自己任务的同时，将任务归总，突出合作，最终完成整个项目。

4.1.6　PBL教学法

PBL(problem based learning)教学法是加拿大McMaster大学的神经病学教授Howard Barrows在1969年提出的。开始主要运用于医药学方面，但由于其独特的教学风格，很快便得到推广，以至于很多其他学科都开始采用PBL教学模式[16]。PBL教学法核心思想是“以学习者为中心，以解决问题为中心，以合作学习为中心”。因此，也有文献这样总结PBL教学模式：PBL教学模式就是把任务设置到相应的问题之中，通过学生的主动学习探究解决问题的方法，并且学习问题背后所隐含的相应知识，能达到让学生养成自主解决问题的能力[17]。

数字电子技术是一门重视培养学生基本技能的技术实践课程，课程中从不缺乏探究性问题，这与以问题为中心的 PBL 教学法不谋而合。数字电子技术 PBL 教学法的课堂设计一般包括如图 4.11 所示的几个环节。

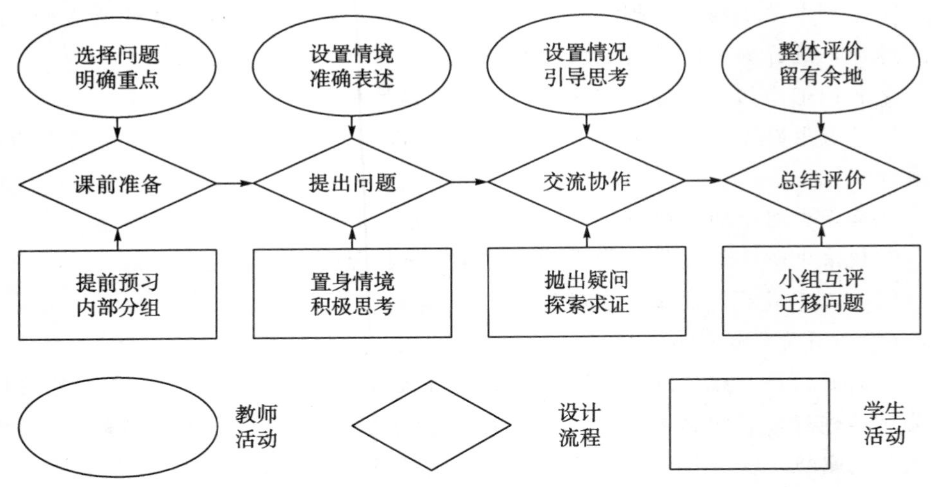

图 4.11　PBL 教学法设计流程

(1)课前准备。

教师：选择问题，明确重点。PBL 教学法是以问题为中心的教学方法，在课程会出现很多“问题”，因此，必须对这些问题进行重点与非重点的区别，从而进行选择性教学，否则就很容易让学生陷入“问题困境”，难以将课程继续下去。

学生：提前预习，内部分组。PBL 教学法的课堂节奏比较紧凑，很多事情需要学生做课前准备，包括课前预习和分组。

(2)提出问题。

提出问题就是提供可以反映学习者内容的相关问题，让学生和教师有一个共同的探讨话题[17]。例如，在“组合逻辑电路的分析和设计”讨论中，可以先进行一些常见组合逻辑电路的展示，学生亲自动手操作这些逻辑组合电路时，就会容易明白各种不同组合逻辑电路的功能，如何将这些组合逻辑器件在实际生活中加以应用呢？激发好奇心理，进一步要求学生思考并回答这样的命题：生活中什么性质的问题是组合逻辑器件可以解决的，而什么样的问题又不可以呢？创设这样一个完全真实的情境不但会激发学生的学习热情，还会激发他们探索问题的积极性。

教师：设置情境，准确描述。主要指在提出问题时，教师的描述要准确，最好将问题放入合适的情境之中。

学生：置身情境，积极思考。

(3)交流协作。

交流协作是 PBL 教学法中重要的环节，PBL 教学法的学习组织形式可以解决共同问题，也可以分组解决小组自己的问题，但无论哪种，最终都需要小组内进行分工协作，沟通交流。

教师：设置情况，引导思考。点出问题答案的不确定性，并引导学生进行思考。

学生：探索求证，抛出疑问。对提出的问题进行自主学习探索的同时，与同组其他成员进行讨论，并抛出自己的疑问，通过协作攻关获得对问题的理解甚至解决方案。

(4)总结评价。

教师：整体评价，留有余地。整体评价不仅是指对课堂结果的评价，还包括整个过程的中学生主动性、学生活跃度、问题反馈情况等。而留有余地是指问题结果的发散与延伸，给学生留下思考的空间。

学生：小组互评，能力迁移。除了教师的整体评价外，小组内部还需进行成员互评；同时学生需要将问题迁移到其他问题或者应用。

PBL 教学法相关案例详见本书第三篇相关内容。

4.1.7 探究式教学法

探究式教学(inquiry teaching)法是指学生在学习概念和原理时，教师只是给他们一些事例和问题，让学生自己通过阅读、观察、实验、思考、讨论、听讲等途径去独立探究，自行发现并掌握相应的原理和结论的一种方法[18]。探究式教学法是一种在学校环境下模拟性的科学研究活动，旨在培养学生的科学素质，特别是培养学生的创造精神和创造能力，是学生在知识获取的过程中经历类似科学家的探究过程，积极主动地构建知识体系，掌握解决问题的方法，培养科学态度和科学探究能力。

探究式教学法目前被广泛推崇，从国内外相关文献及教学实践来看，探究式教学法在数字电子技术教学中多有应用，国内外相关专家在多种学术研讨会上也多有论证。归纳起来讲数字电子技术课程的探究式教学可以描述为：从数字系统的高度认识基本逻辑电路，将需求、功能、背景和应用结合起来；从设计的角度对基本电路进行溯源，再现科学家的探索过程；从功能和结构两个维度掌握逻辑思维方法，以掌握其精髓和“根本”；从具体的逻辑电路的应用局限性引导学生寻找反例，以获得构建新电路的思路；进而使学生学会自己发现问题、研究问题并解决问题。

探究式教学法是目前比较推崇的一种教学方法，它很好地实现了“以学生为主体”的教学理念，注重培养学生的科学探究能力，并被证明相比其他教学法具有如下优势。

(1)教学角色关系清晰。探究式教学法是一种典型的“以学生为主体，教师为主导”的教学法，探究式教学法使师生关系、定位更加科学和明确。更突出学生作为认知主体、思维建构主体的中心地位。

(2)能激发学生学习的积极性。与启发式教学法类似的是，探究式教学法也需要在教学过程中导入供学生思考、探究的疑点。导入的方法很多[19]，主要包括以下几种。

①设计实例导入法。例如，教师在讲述触发器一章时，先是在大屏幕上演示了一段知识竞赛现场抢答的录像，上面清晰地显示出竞赛选手好像都在按抢答按钮，结果只有一个选手抢答成功。其实，有很多同学有过类似现场抢答的经历，所以会引发同学们的思考。教师让学生在这个浓厚的学习场景中再去给学生讲解触发器工作原理以及这个抢答器的电路逻辑功能——打开了自己的通道同时封锁了别人的通道。在这个教学导入环节中，教师通过实景实例，不仅激发了学生的好奇心和求知欲，而且提高了学生的思维想象能力。

②设疑导入法。利用学生身边的事物及现象设疑，例如，奥运倒计时牌，教师以它为例向学生提出问题：为什么它上面显示的数字是逐渐减小的？然后进入减法计数器的讲解也可以收到较好的效果。

③温故知新导入法。复习旧知识以导入新课知识，不仅有利于学生知识的顺利过渡，而且可以培养学生的思维连续性和延展性。例如，在讲述新类型触发器前，对前一种触发器的性能进行评价，让学生尝试从优点、缺点及进化路线作总结性归纳，进而找出新问题以确定新课的研究方向。

(3)有利于培养学生的创新精神。探究式教学法和启发式教学法的一个不同之处在于，启发式中的“疑”需要教师知道答案，并引导学生找出答案；而探究式中的“疑”，可以没有固定答案，甚至暂时都没有答案，意在引导学生创新，培养发现有解决价值的问题的能力。如课程中有关逻辑事件的翻译、表达式是否最简的形式化证明、时序电路自启动的设计等内容目前均无系统的方法，学生有足够的探究空间。

探究式教学法与前面讲到的 PBL 教学法有所不同，PBL 教学法更加看重学生解决实际问题的能力，而探究式教学法探究的内容更具备科学性、思维性。然而，目前大多工科专业课如数字电子技术的探究式教学所探究的内容流于形式，为此，作者在归纳国内外相关参考文献的基础上结合自己对数字电子技术的课程理解，将探究式教学法的探究内涵界定为对知识内容的探究、知识应用的探究、科研问题的探究以及美学探究四个维度，并设计探究教学活动的流程如图 4.12 所示。

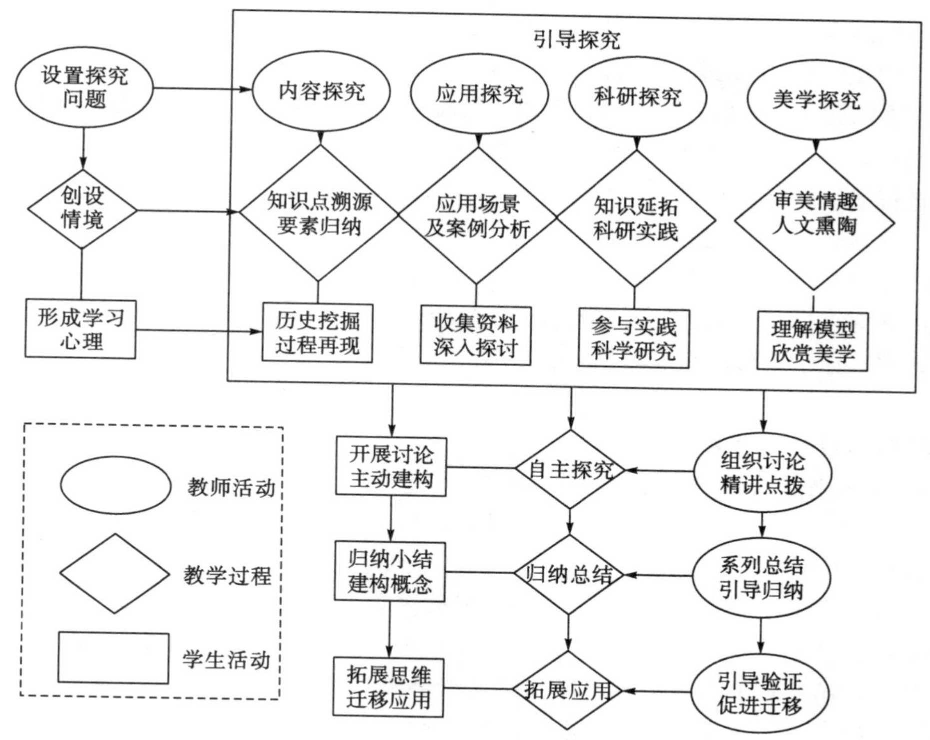

图 4.12　探究式教学法设计流程

(1)创设情境，引入话题。

探究式教学法的载体是科学上或工程上的问题，学生活动也是围绕着问题展开的[20]。探究式教学法的出发点是设定需要解答的问题，这是进一步探究的起点。

(2)开放课堂，引导探究。

就数字电子技术这门课而言，作者建议从内容探究、应用探究、科研探究和美学探究四个方向进行探究。

①内容探究：对知识点进行溯源及知识的本质要素归纳，帮助学生掌握知识点的联系，建立起结构化知识网络地图。

②应用探究：探究知识点的应用场景和典型工程案例，分析知识点存在的意义，让技术产生价值。

③科研探究：对数字电子技术学科中尚未形成定论、方法和模型还处在动态演化过程中的问题进行知识点延拓，如卡诺图化简的画圈方法；对未知及争议领域进行前沿、交叉及跨界探究，如逻辑抽象中的语言翻译方法；对科研项目中的相关小微课题进行研究等。该方法实施的详细模型可参考 4.1.8 节的“科研教学法”。

④美学探究：面向人文熏陶和作品审美价值的需要，在教学中要挖掘知识背

后的思维方法和技巧，发现和领悟模型之美、智慧之美、布尔代数简单之美等。

(3)组织讨论，适当点拨。

在问题进行阶段性探究时，需要进行头脑风暴式的讨论，以尽快达成对问题粗放式的理解。同时为了避免过于发散和便于进度控制，可对学生提出的部分问题进行适当的点拨。

(4)归纳总结，迁移应用。

在探究结束时，需要学生对此次探究的整个过程进行回顾、归纳并总结成规范的探究报告，并把探究结果映射到实际应用，以价值为导向进行探究活动的意义评价，让学生形成知识和能力的迁移。

【案例 4-7】 电子密码锁

(1)设置探究问题。

选择电子密码锁题目，并设置情境：学校门禁系统的电子密码锁。

(2)引导探究。

电子密码锁作为产品，主要引导探究的方向是应用探究。电子密码锁可以弥补机械锁安全性不高的缺点，因此被广泛应用于防盗技术。那么电子密码锁是怎么验证密码来实现高安全性的呢？学生理解题目需求后，引导学生进行初步探究，并给出密码锁的功能示意图如图 4.13 所示。

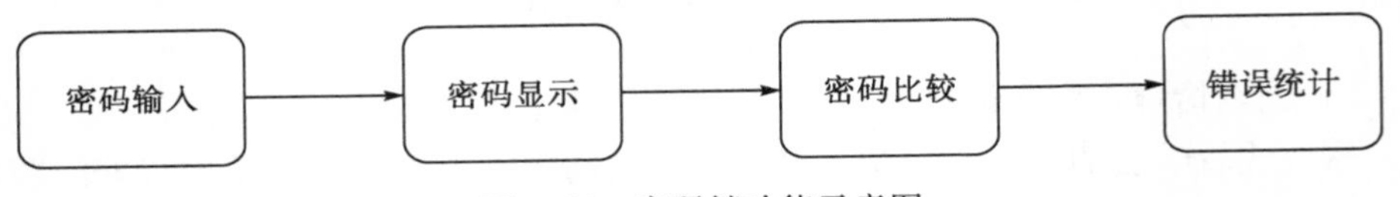

图 4.13 密码锁功能示意图

(3)自主探究。

学生对框图中每个部分的功能及器件进行构思、评估和初步论证。

①密码输入。选择矩阵键盘，矩阵键盘由 4 行 3 列共 12 个按钮组成，其中包含 0～9 十个数字密码输入按钮及“确定”和“清除”按钮。

②密码显示。考虑到安全性，采用暗文密码，即数码管显示“*”；

③密码比较。用户通过输入按键开始输入密码，产生一个脉冲信号，使三态门输出为高阻状态，这样输入密码与设置密码便巧妙分离。应用 74LS85 比较器对输入密码和设置密码进行对比，将比较结果送入“串行输入、并行输出”的 74HC164 移位寄存器。六位密码输入完毕，按下确认键。

④错误统计。为防止多次尝试开锁，还增加记录输入错误密码次数的功能，当输入次数超过 3 次，整个电路被锁定。

(4)方案设计与验证。

通过实物电路及利用 Multisim 等软件画出原理图，对功能进行仿真测试，观察并记录电路的行为，验证是否满足功能需求，在逻辑上、电气上是否有未曾预料到的问题，是否有可以优化改进的地方。

(5)归纳总结。

老师带领学生共同完成总结，在此环节要体现教师的主导、专业的建议及思想拔高的作用，可从如下几个方向展开。

① 知识方向：通过探究是否加深了对领域知识、理论原理的理解。

② 动手能力方向：通过探究活动，在电路实物搭建及软件仿真方面是否有提高。

③ 思维方向：通过探究活动，学生是否对课题有了自己的思维方式及解决问题的体验。

④ 情感方向：是否有创新意识及解决问题的毅力和意志。

⑤绩效方向：通过探究活动，学生是否收获挫败感、成就感等。

(6)延伸拓展。

完成电子密码锁的密码验证，进一步可提出相关的新的延伸问题，如车辆检测系统、浴室刷卡系统等是否具备相同的密码验证情况，引导学生进行课后探究。

（改编自文献[21]：“数字电子技术”课程的探究式案例教学　李健）

4.1.8　科研教学法

科研反哺教学，主要有两层含义。一是知识点的科研讨论教学，尤其是针对还在发展中尚未形成定论的知识，数字电子技术作为仍在快速发展的学科，无论数学方法、设计方法还是器件电路都存在许多可以改进和创新的空间，如逻辑事件的系统抽象方法、表达式是否到达最简的数学判定法则、时序设计中保证电路能自启动的状态编码判据等。二是教师相关科研课题、科研成果的动态引入，丰富课堂的内容及形式。

同是一类探究活动，探究式教学法侧重对教材知识点的纵向探究，其基本思路是以知识溯源探究、知识过程探究和知识应用探究为线索展开。与之有区别的科研教学法则侧重知识的反思、横向延拓甚至跨界，往往会偏离甚至远离教材规定的范围和要求。例如，卡诺图的教学，因为卡诺图画圈的步骤尚无统一的系统的规范，探究式教学法可以与学生一起探讨画图的步骤可以有几种方案，探究每一种方案的优缺点，指出未来可以研究和改进的方案。这种探究仍然将卡诺图仅仅作为一种化简工具，是局限在教材和教学大纲的范围内的探究。对此，科研教学法的处理思路和角度就有所不同，教师可以根据自己的科研课题或其他学术文献的科研成果，对卡诺图在形式上、功能上可能的演化和变异与学生分享和讨论。例如，突破化简的局限，提出并研制反演卡诺图和对偶卡诺图，从而极大丰富和拓展了知识空间。从学生的角度来说，课堂的时空是受限的，要吸收和获得创新意识和创新能力，最难能可贵的是课堂中能够直接或间接体验到教师自身的科研经历和创新经验。教师通过科研产生了创新点、新思路、新知识、新方法和新技术，从知识的类型上来说，这些新东西与教材的知识是分属于不同层次和不同质量的，将这些科研思维、科研过程和科研成果带进课堂，授学生以“渔”，不仅能在一定程度上克服教材知识相对滞后、教材与工程实际脱节的问题，也有利于改善传统教学方式弊端并活跃课堂学术思想。当然，受制于学时限制以及科研课题自身的质量等因素，教师不仅在教学内容、顺序、形式以及学时分配上要统筹规划合理安排，课题的科学遴选也对教师提出了极高要求。

科研教学法与探究式等其他教学法在方法论上也有所区别，科研式教学法是一种“方法式、流程型”教学法。一般来说，科研教学法在实施过程中常常会使用到探究教学等手法。而科研式教学法与前面提到的任务驱动教学法、项目驱动教学法等相比，也存在较大差别，主要体现在以下三个方面。

(1)成果的不可确定性。在数字电子技术课程中，科研教学法研究的成果都是具有创新性质的，其成果一般是一种解决方案，因而不是唯一解；而任务驱动教学法和项目驱动教学法所做的仅仅是“任务”，一般是知道结果的确切形态及参数，而仅需要引导学生去实现它。

(2)师生关系。科研教学法一般是师生共同探究，合作交流；而任务驱动教学法和项目驱动教学法，一般是教师以任务布置和引导为主，而学生才是执行并完成任务的主体。

(3)教学目标。科研教学法更多是面向培养学生探究问题、创新能力以及团队协作等方面的一种实践活动；而任务驱动教学法和项目驱动教学法则更多是为了巩固学生的理论知识、培养动手实践能力的一种教学手段而已。

科研式教学法的设计流程比较依赖科研项目本身的实施流程，为此，作者仅给出一个相对通用的实施流程，如图 4.14 所示。

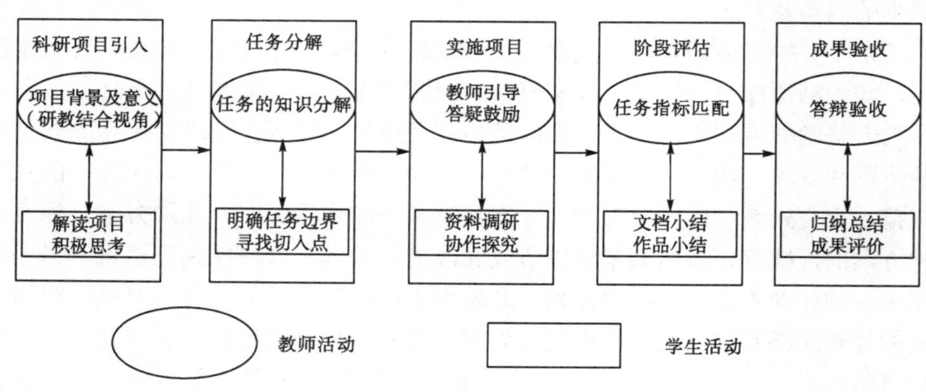

图 4.14 科研式教学法设计流程

图中将流程大致分成5个环节，特别值得一提的是，在设计科研式教学法时，需遵循如下一些基本设计原则。

(1)“研”、“教”结合原则。科研与教学有机融合，教学促进科研项目，科研反哺教学内容，不是简单的一加一的过程，而是要把握有机融合的原则[22]。具体而言，就是要从数字电子技术教学的角度来重新审视、分析和梳理科研项目的技术内容，从中寻找和挖掘与课程内容的结合点和切入点，将课程的知识点与项目有关内容结合、融合在一起，来形成涵盖课程知识点的创新型教学的项目。

(2)科研项目的适度性原则。科研项目应用于课程教学应讲求少而精，应考虑到技术的难易程度和复杂度。其一，科研项目的内容必须是数字电子技术的核心知识及核心技能，如果二者相关度太低，不仅不利于项目的推进，而且会导致学生所学知识用不上，反而会挫败教学的效果；其二，科研项目难度要适中，如果科研项目过于简单，很难激发学生的热情和积极性，同时，课题本身不具有太高的研究价值；反之，如果科研项目难度过高，虽然有很高的研究价值，但学生很难完成，容易让学生产生畏难情绪，不利于大多数学生的培养。

【案例4-8】 车辆高容错多模型定位技术的科研项目

(1)科研项目的布置。

① 科研项目名称：“面向车辆导航的多传感器时序同步测量电路设计”。

② 科研背景和意义：“基于多传感器融合的车辆可靠导航定位，对于实现车辆的准确诱导和安全运行具有重要意义……而多传感器融合的前提是实现对各个传感器输出信号时序的精确测量……”。

③ 科研目标及要求：各传感器均以数字量串行通信方式输出，主要特性如GPS接收机Superstar(1Hz输出，另可提供1PPS周期性标准脉冲信号)、六维惯性测量单元IMU(100 Hz输出)、SDI双天线航向测量仪(10Hz)、KVH电子罗盘(10Hz)。请综合运用所学的数字电路知识设计同步测量电路实现对六维惯性测量单元IMU、SDI双天线航向测量仪和KVH电子罗盘中的一个或多个输出信号与GPS输出信号之间时间差的准确测量。

(2)科研项目的实施。

在自愿组合的基础上将学生分为3～5人的小组，以小组为单位开展创新型实验项目。小组成员首先通过充分的讨论明确科研项目中的重点和难点，接着进行资料查阅与文献调研，再通过小组内的分析论证确定实验项目的实施方案，并明确各阶段的任务目标以及每个人的具体分工，最终通过小组的团结协作、积极探究和实践探索来完成科研项目的任务要求。

(3)教师全过程的积极引导。

在科研项目教学的实施过程中，教师应注意跟踪整个过程。在学生遇到困难或失败时要不断鼓励他们正确面对，同时为他们明确努力的方向，提供参考的建议，起到积极的引导和启发的作用。

(4)阶段性验收。

为了能准确掌握各小组的进展情况，应进行阶段性检查。由各小组以书面或者课堂讨论的方式回报最新的进展状况，教师对各组的研究方向和进展状况进行督促。结合检查情况，教师指出每个小组的不足并给出进一步提高的建议，确保他们都能在规定时间内完成项目。

(5)结果考核评价。

课程临近结束时，在课堂以小组为单位进行科研项目的汇及成果展示。汇报内容包括团队介绍、背景知识、实现过程以及心得体会等，接收教师和其他小组成员的质询与讨论，并提交规范性的项目验收报告。

（改编自文献[22]：基于科研项目的数字电路创新型实验教学改革　李旭）

4.2 数字电子技术的技术教学知识

教育教学作为传授技能、传播知识、启发思想、传承文化的一种社会实践活动，从来都不是单独存在的，正如 TPACK 框架所倡导的，教学法应该与当代科学技术相互融合、相互作用，即 TPACK 框架中的“技术教学知识”。技术教学知识是由信息技术和一般教学法相互作用而产生的，包括了解可完成某一特定教学任务的教育技术手段、选择当前最恰当的技术手段并使用技术手段有效完成教学活动等[3]。就目前已有的文献看，运用于数字电子技术的技术教学知识主要有基于微课的翻转课堂、基于慕课的翻转课堂和以技术(主要是互联网技术)支撑的混合学习等。

4.2.1 翻转课堂教学法

翻转课堂教学法将知识传授和知识内化进行了颠倒，课下通过信息技术的辅助进行知识传授，课上经过老师的帮助与同学的协助完成知识内化。重新调整课堂内外的时间分配，将学习的决定权从教师转移给学生[23]。在翻转课堂教学模式下，教师不用课堂全部时间来讲授知识，而是学生在课下完成自主知识学习。学生可以通过观看微课视频、资料或在网络上与别的同学讨论、与老师交流等方式学习课程内容。在课外，学生自主规划学习内容、学习节奏，教师通过将知识碎片化来满足学生的需要和促成他们的个性化学习。翻转课堂注重学习的主体，培养个性化教学，增强学生的创新、交流和自学能力，有利于知识的内化。相比于案例式、探究式等教学手法，翻转课堂使学生学习更加灵活、主动，学生的参与度更高、主体意识更强。实施好翻转课堂教学法不但可以激发学生的学习兴趣，还可以有效解决课堂的容量问题。

对于翻转课堂的教学设计，目前比较流行的是“三段式”翻转课堂教学模型[24]。“三段式”翻转课堂教学模型把整个教学过程分为课前、课中和课后三个部分，如图 4.15 所示。

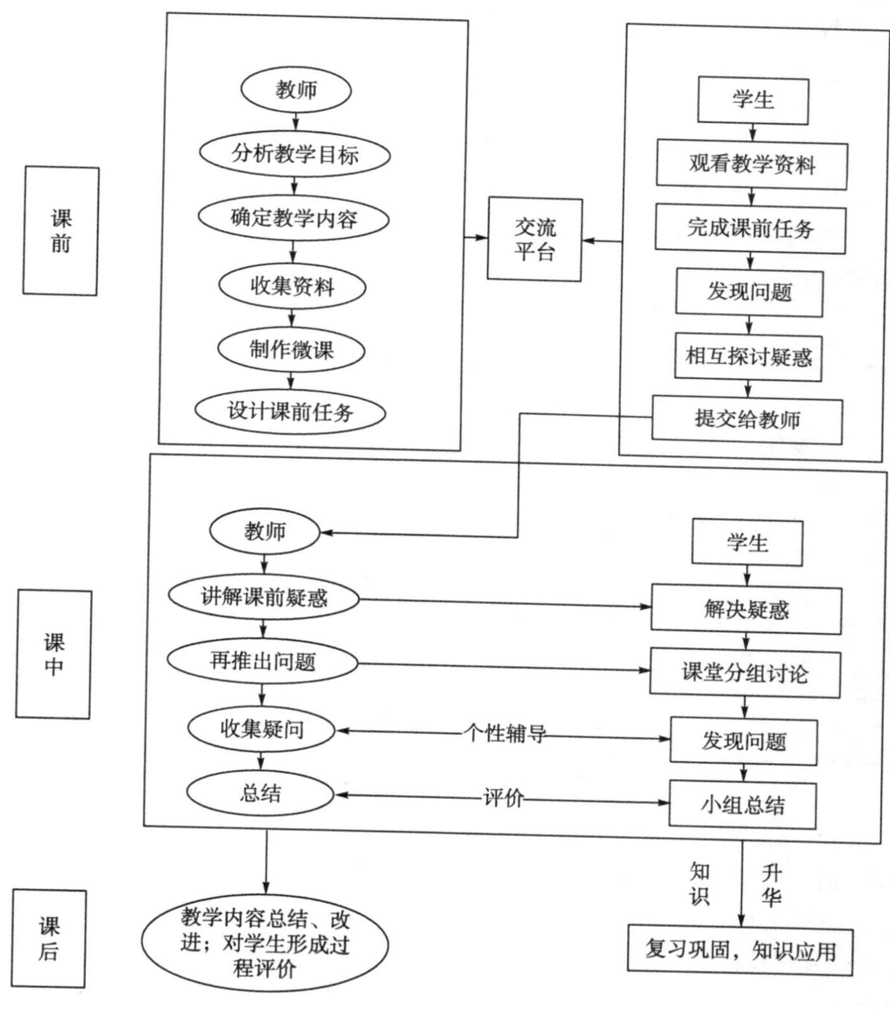

图 4.15　“三段式”翻转课堂模型

回到数字电子技术课程本身，它是一门理论和实践紧密结合的基础课程，同时存在教学内容比较多而课时少的问题。因此，将翻转课堂应用于本学科是一种有效的技术手法。目前，应用于数字电子技术的翻转课堂主要有微课型和慕课型两种类型。

1. 基于微课的翻转课堂模型

“微课”一词伴随着微博、微信、微电影等出现，与智能手机和移动互联网的普及分不开，也和人们进行移动学习时对“微内容”的需求分不开，这已区别于学校教育成为数字化时代的一种新的学习方式。微课之“微”指的是内容少、时长短，微课之“课”指的是以教学为目的，可以指一堂课也可指一门课。从微课概念的提出到现在，虽然学界对微课仍未形成统一的定义，但学者和实践者在不断地完善其内涵、丰富其形式，教育工作者对微课的认识也越来越深刻、全面。

一种常见的微课示意图如图 4.16 所示[25]，微课主要包括两个环节，一是课前演讲、演示的相关学习资源环节，包括“微视频”相关的辅助课件以及案例素材等；二是以“微作业”练习为主的相关学习反馈环节，包括在线答疑、在线测试、在线调查等自主学习活动的学习反馈。

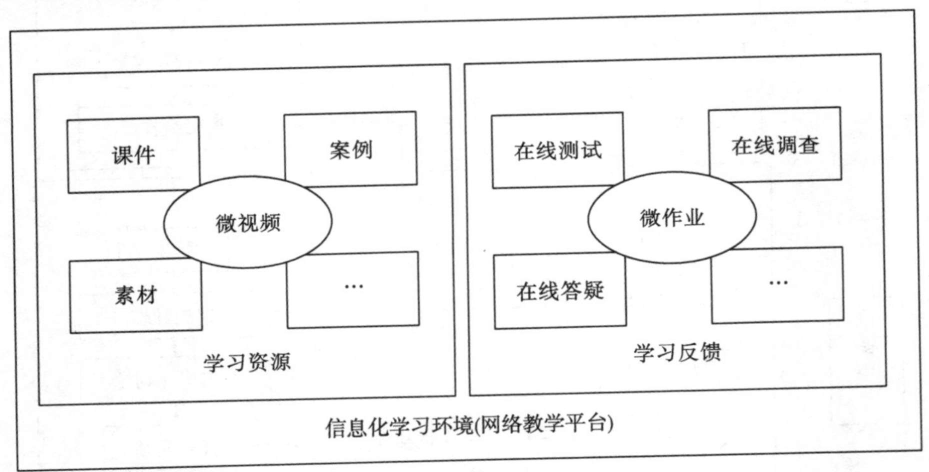

图 4.16　微课模型示意图

【案例 4-9】　“用 74LS161 实现不同进制计数器”的微课设计

(1)微课教学设计。

微课教学设计主要从课题引入、内容讲授、总结几方面进行设计，每阶段都合理分配时间，内容讲授阶段可以根据教学需要进行进一步细化，采用不同的形式和方法进行设计。

“用 74LS161 实现不同进制计数器”技能点旨在培养学生阅读芯片手册、识别原理图以及应用中规模集成计数器芯片，提高学生分析问题和解决问题的综合素养，通过仿真实践加强学生对不同集成计数器应用的分析、设计能力。为此，本微课按照“已知问题情境⟶分析解决途径和方法⟶示例指引策略⟶仿真模拟实现⟶反馈解决要点⟶提出新的问题⟶暗示解决思路⟶拓展思维空间”的思路进行设计，现在要用 74LS161 实现不同进制计数器，怎么做？先要知道 74LS161 的引脚、功能，其次结合互联网查看 74LS161 应用举例，能否实现？

结合 Proteus 仿真实现，直观呈现。经过反复测试，查看结果，发现规律，拓展思路实现不同进制计数器，举一反三，将方法应用于其他中规模集成计数器芯片，最终提升学生的职业理念、自主学习创新意识。

(2)微课课件制作。

在微课视频制作中，一般都需要结合课件进行录制，形象生动的多媒体课件的运用能有效提高微课质量，帮助学生对知识的理解和记忆。在课件中，首先用图示法介绍 74LS161 集成计数器的基本原理，让学生对该计数器有直观的认识，然后用比较法介绍两种实现计数器的方法：反馈清零法和反馈置数法，并分别给出两种方法的仿真实验。

(3)微课视频录制。

CS(camtasia studio)是屏幕录像和编辑的软件套装，它能在任何颜色模式下轻松地记录屏幕动作，而且支持声音和摄像头同步。在录像时，可以增加标记、系统图标、标题、声音效果、鼠标效果等，也可以在录像时画图。因此，利用 CS 这款软件来录制 PPT、制作微课方便快捷，制作的微课画面质量也较清晰。

依据数字电子技术课程知识点、技能点的教学内容和呈现需求，本微课制作主要采用 CS 与 PPT 录屏方式进行开发。在开发过程中通过增加标记、动画效果等进行知识展示和讲解，吸引学生的注意力、引导学生对知识的学习和理解并进行知识的归纳和总结。

(改编自文献[26]：微课在高职“数字电子技术”课程教学中的应用研究　罗彩君)

2. 基于慕课的翻转课堂模型

慕课 (massive open online courses)是一种教育服务形式，采用大规模的在线网络课程资源服务平台，实现教师与学生的高度互动，能够适时跟踪学生的学习行为，实现以学生为主、教师为辅的课程学习，是一种打破传统教育方式的教学模式。微课型翻转课堂对于教师来说制作“微视频”的工作量较大，教学方式仍较多受制于教师个人知识结构和经验。而随着网络技术的发展，网络资源共享成为主流思想，基于慕课的翻转课堂应运而生。慕课与微课的区别之一：微课是解决特定问题而制作视频；慕课则是包括整个课程的一套完整的教学视频。

基于慕课的翻转课堂，结合慕课和翻转课堂的优点[27]：让学生自主掌控学习、增加学习中的互动和提高学生心理优越性等优点，能够有效弥补现行数字电子技术教学模式中所存在的讲授偏多、学时偏少等问题。我国教育信息技术化的推进和各高校相对完善的硬件配备情况也能很好地满足实施基于慕课的翻转课堂教学模式的要求。

基于慕课的翻转课堂教学模式有一套严谨而规范的实施流程[28]，包括课前、课中及课后均有相应的技术要求。

(1)课前准备。

课前准备分为教师课前准备和学生课前准备。教师课前准备包括对翻转课堂教学的课程进行精心设计，教师要对学习内容、学习者以及教学环境等先进行分析，对课堂教学的目标要从知识与技能、过程与方法、情感态度与价值观三个方面来进行确定。然后，根据学生课前反馈的问题，精心地进行课堂内容的教学设计，利用慕课平台使课堂变成一个轻松自由的学习场所。

学生课前准备主要是根据慕课平台上提供的各类教学资源，积极主动、认真地进行课前学习，做完测试题并反馈所遇到的问题。

(2)课堂教学。

基于慕课翻转课堂教学模式的课堂教学环节包括的教学流程如下。

① 教师根据课前学生在慕课平台上学习之后的反馈创设情境、确定问题、设计出一些有探究意义的问题。

② 学生根据个人的兴趣爱好选择相应的题目。教师把选择同一个问题的学生组织在一起，形成一个小组。通常来讲，小组的人数大约为 6 人。

③ 小组内部人员进行分工，各个小组的成员首先要对这个问题进行独立学习，然后进行小组协作学习。在学生完成独立探究、小组合作学习之后，问题大体上明确甚至得到了解决。

④ 在课堂上与其他同学进行成果交流，分享自己设计电路作品的过程，同时把自己设计的电路作品上传到学习平台，让老师和同学在课堂上进行互相讨论与评价。

(3)课后指导。

在基于慕课翻转课堂教学模式的课后指导环节中，学生可以在慕课平台上与同伴进行互助指导，也可能会得到慕课平台上答疑人员的帮助指导，学生还可以通过 QQ 群组，在群组中向授课教师及答疑组进行求助。学生在新型的教学模式中可以获得实时、多样化的指导帮助，大大增强了学生完成课外作业的动力。

4.2.2 混合学习教学法

混合学习是人们对网络学习进行反思后，出现在教育领域，尤其是教育技术领域中较为流行的一个术语，其主要思想是把面对面教学和在线学习两种学习模式有机地整合，以达到降低成本、提高效益的一种教学方式[29]。

混合学习教学法可定义为面对面教学和计算机辅助在线学习的结合[30]，文献[31]中也认为混合学习教学法是面授学习和在线学习的结合，并指出混合学习教学法依赖技术知识(主要指以互联网为代表的信息技术)。在以数字化、网络化、智能化为技术特征的当今时代，混合学习教学法是新时期教师应当掌握的一种新型技术教学知识。

混合学习的模型如图 4.17 所示，通过课堂学习和在线学习两种模式支持学生的学习，在时空上扩大了学习者的学习机会，同时，混合学习提供多种不同形式的学习活动，提高学习者的参与性，从而促进有效学习。

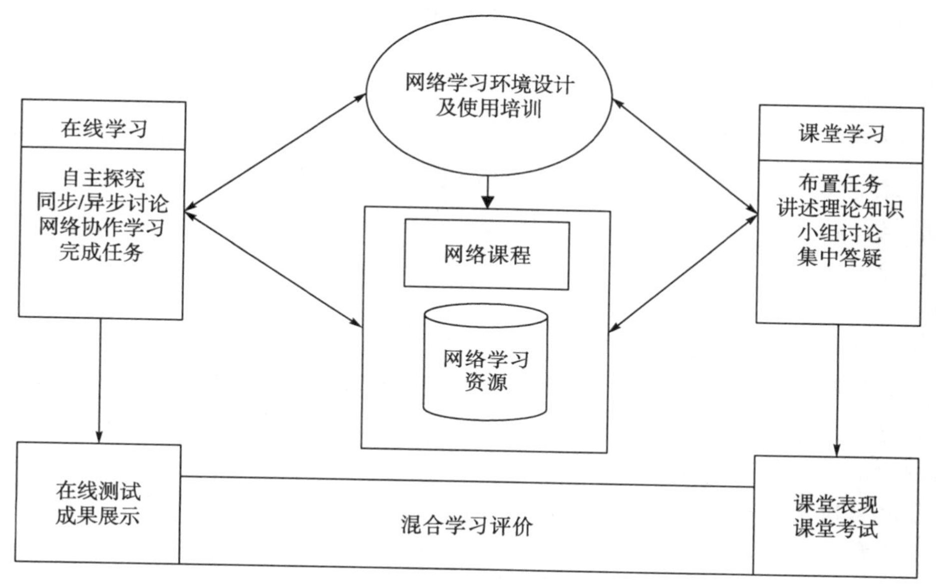

图 4.17　混合学习模型

混合学习由于包含两种及以上的教学方法，因此，在教学设计时，一定要系统性考虑各教学方法的作用点、逻辑关系甚至时序关系等，尽量做到多种教学法的有机结合。根据相关参考文献归纳混合学习教学模式实施流程，如图 4.18 所示。

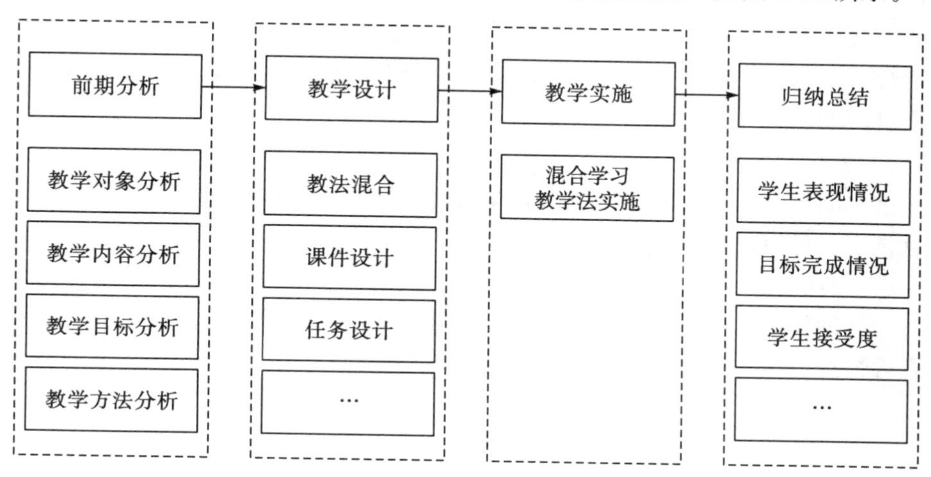

图 4.18　混合学习教学法实施流程

(1)前期分析。

前期分析主要包括教学对象分析、教学内容分析、教学目标分析、教学方法分析。教学对象是学生，因此主要分析学生基本情况，如学生知识水平、学习习惯、所属专业等；教学内容分析指的是对课程中的知识也就是常说的重难点进行划分；教学目标分析则是分析教学所要达到的效果；最后，前面的几种都分析完成后，再分析教学方法，进行教法选择。

(2)教学设计。

教学设计主要包括教学方法混合设计、课件设计、课堂情境设计、案例设计、课堂任务设计以及课堂相关的资源调度问题等。其中最为关键的是教学方法混合设计，应以前一步的分析为基础进行教学设计。由于混合的种类可以多种多样，详情请读者自行参考相关文献，作为指导思想这里强调一下混合的基本原则。

①“以学生为中心”的原则。基于“以学生为中心，教师为主导”的教学理念，并强调教师“导”的时机和力度。例如，学生处于初学者阶段，认知负荷较大，这时需要充分发扬教师“导”的作用；而当学生处于稳步发展阶段，教师应该尽可能地少“导”，而改为“点拨”。

②有机结合原则。将教学知识与技术知识合理组合、深度融合，实现“主导－主体型”教学结构。混合学习绝不是指某两种教学法简单混合，而是众多要素中择优进行组合，即根据具体的教学目标与情境进行教学模式、教学策略以及教学方法的选取与组合，吸纳不同教学模式、教学策略和教学方法的优点，构建最适宜的教学结构，从而实现高效学习和深度学习。

③教法混合取舍原则。混合学习教学模式，不能破坏混合者的原始设计原则，而是良性混合。当混合的教学法有冲突时，可根据实际情况进行比重调整，不能直接摒弃某一种。例如，原始的课堂教学方法是任务驱动教学法，如今因实施混合学习教学模式时间花费较大而摒弃任务驱动教学法中的“任务”环节，这是不可取的。

(3)教学实施。

这里的教学实施指的是混合式教学实施，即按照前面的教学设计，合理运用信息技术，进行混合式教学。

(4)归纳总结。

与其他类似的教学法一样，在教学实施完成后，也要进行归纳总结，包括学生表现情况、学生接受度、课程完成情况等。

本章小结

本章基于教师的教学知识，提供了在数字电子技术学科教学研究和实践中被证明是可行的及有效的10种主流教学手法。除了这10种教学手法，在国内外相关文献及教学实践中，还提到一些其他的教学法，例如，文献[32]中“先实验，后理论知识”的逆向教学法，文献[33]中的情境教学法等，考虑到篇幅问题本书未做一一介绍。相比方法的罗列，更为重要的是教学法背后教学思想的把握，对各教学法之间进行区别和联系的界定是非常重要的。因此，建议读者在本书的基础上对各种教学手法从方法论角度进行二次归纳和创新，提炼并“混合”出有自我特色的教法“菜单”。

参考文献

[1] 李伟胜. 学科教学知识(PCK)的核心内涵辨析[J]. 西南大学学报(社会科学版)，2012，38(1)：26-31.

[2] 解书，马云鹏，李秀玲. 国外学科教学知识内涵研究的分析与思考[J]. 外国教育研究，2013，(6)：59-68.

[3] 陈锦锦. 中小学教师整合技术的学科教学知识(TPACK)研究[J]. 亚太教育，2015，(21)：254.

[4] 李媛媛. 浅谈启发式教学法在声乐教学中的应用[J]. 教育探索，2013，(7)：54-55.

[5] 唐普英，姜书艳. CMOS反相器和传输门的教学实践[J]. 实验科学与技术，2016，14(5)：87-90.

[6] 高莉，林康红. 案例教学法在数字电子技术课程中的探索与思考[J]. 教育教学论坛，2017，(3)：128-129.

[7] 申玉坤.《数字电子技术基础》课程引入案例教学法的研究与实践[J]. 电子技术，2015，(6)：22-24.

[8] 李皓瑜. 数字电子技术课程中的案例教学浅析[J]. 佳木斯教育界学院学报，2014，(1)：197-201.

[9] 孙陈英，孟宪薇. 任务驱动教学法在《数字电子技术》教学中的实践[J]. 信息通信，2014，(11)：276.

[10] 尹健华，李苏明. 浅谈项目教学法在电子技术课程教学中的应用[J]. 中国科教创新导刊，2008，(20)：153.

[11] 杨平展，王佳. 项目驱动教学法与任务驱动教学法之异同[J]. 课程教育研究，2016，(10)：040.

[12] 徐雅斌，周维真，施运梅，等. 项目驱动教学模式的研究与实践[J]. 辽宁工业大学学报(社会科学版)，2011，13(3)：125-127.

[13] 胡英华. 项目教学法在高职《数字电子技术》课程教学中的应用[J]. 国网技术学院学报，2015，18(3)：58-62.

[14] 罗小刚，刘伟. 项目教学法在“数字电子技术”中的运用[J]. 科技与企业，2012，(7)：99-100.

[15] 程珍珍. 基于Multisim 10.0的《数字电子技术》任务驱动教学法[J]. 数字技术与应用，2011，(7)：169-170.

[16] Barrows H S，Tamblyn R M. The portable patient problem pack：A problem-based learning unit[J]. Journal of Medical Education，1977，52(12)：1002-1004.

[17] 丁敏. PBL教学模式在数字电子技术教学中的应用[J]. 西部素质教育，2016，2(13)：181.

[18] 王革思. 探究式教学在数字电子技术实验课中的应用[J]. 教育探索，2014，(1)：58-59.

[19] 牟琴，谭良. 基于计算思维的探究教学模式研究[J]. 中国远程教育，2010，(11)：40-45.

[20] 魏幼平，张丽. 探究式学习在“数字电子技术”教学中的应用[J]. 煤炭高等教育，2009，27(2)：122-123.

[21] 李健，李智，冯晓磊. “数字电子技术”课程的探究式案例教学[J]. 电气电子教学学报，2015，37(6)：51-52.

[22] 李旭，张为公. 基于科研项目的数字电路创新型实验教学改革[J]. 实验室研究与探索，2015，34(1)：168-171.
[23] 王荣荣，王利平，王团部. 以翻转课堂推动电工电子技术课程教学改革[J]. 科技创新导报，2016，13(27)：121-122.
[24] 张铃丽，姬朝阳. 基于翻转课堂模式的教学设计与实践[J]. 现代计算机(专业版)，2017，(12)：55-59.
[25] 刘锐，王海燕. 基于微课的“翻转课堂”教学模式设计和实践[J]. 现代教育技术，2014，24(5)：26-32.
[26] 罗彩君，王玲. 微课在高职“数字电子技术”课程教学中的应用研究[J]. 科教文汇，2017，(4)：63-64.
[27] 纪利琴，吕腾，卢胜，等. MOOC 模式下“数字电子技术”课程教学改革[J]. 科教文汇，2016，(13)：47-48.
[28] 白宇杰. 基于 MOOC 翻转课堂教学模式的设计与应用研究[D]. 锦州：渤海大学，2016.
[29] 吴东醒. 网络环境中面向混合学习的教学模式研究[J]. 中国电化教育，2008，(6)：72-75.
[30] 肖婉，张舒予. 混合学习研究领域的前沿，热点与趋势——基于 Citespace 知识图谱软件的量化研究[J]. 电化教育研究，2016，37(7)：27-33.
[31] 胡立如，张宝辉. 混合学习：走向技术强化的教学结构设计[J]. 现代远程教育研究，2016，(4)：005.
[32] 王艳平. 《数字电子技术基础》的逆向教学法[J]. 中国科技信息，2007，(17)：211.
[33] 杭海梅，汤小兰. 浅析情境教学法在《数字电子技术》课程中的运用[J]. 科技资讯，2014，(33)：166.

第 5 章　数字电子技术的学科内容知识

学科教学知识是教师特有的知识，是指教师依据境脉站在学生发展的角度将学科内容转化和表征为有教学意义的形式，是面向知识的、有育人价值的，因而是教师实践知识中最有意义的知识[1]。本章研究学科教学知识语境下数字电子技术的学科内容知识，包括课程内容、知识点认知需求与教学方法的关系等，以期提供一种与知识点相适应的参考“烹饪手法”。

5.1　面向思维结构的数字电子技术知识要素

由于学与知的关系是一个过程与结果的关系，所以研究教学方法的时候，必定会涉及知识及知识的认知过程，因此，进行恰当的知识点分类可为合理地选择教学方法提供理论依据。本节对知识的分类主要面向教师的教学知识和教学实践，将知识、学习、教学和评价联系起来进行一致性研究，为后续建立知识点教学认知矩阵提供依据。

20 世纪 90 年代，皮连生教授在长期研究奥苏伯尔、加涅的理论及其应用的基础上，又吸收了安德森、梅耶、加涅等的思想。通过分析比较发现，奥苏伯尔、加涅、安德森的思想并非互斥关系，而是相互借鉴、补充和完善。例如，加涅在论述言语信息时，非常推崇奥苏伯尔的理论，而安德森所讲的陈述性知识又等同于加涅的言语信息。可以说，奥苏伯尔讲的意义、加涅讲的言语信息、安德森讲的陈述性知识其本质上都是一致的。又如，安德森的程序性知识，相当于加涅的智慧技能、认知策略和动作技能[2]。进一步研究可知，布卢姆认知教育目标分类学其实是在原来的知识分类基础上增加了“反省认知知识”这类思维知识[3]。相关研究的比较如表 5.1 所示。

表 5.1　知识认知过程二维表

代表人物	知识类型
加涅	言语信息　智慧技能　认知策略
安德森	陈述性知识　程序性知识
梅耶	语义知识　程序性知识　策略性知识
布卢姆	事实性知识　概念性知识　程序性知识　反省认知知识

根据以上各大学者对知识的分类思想和分类方式，考虑到数字电子技术课程在性质上是一种技术设计，其知识的技术属性和工程属性使得课程的目标和学生能力需求偏重价值实现，为此，作者将本课程的知识分类进行了“课程化”改造，分为以下四类。

(1)事实性知识：是本学科知识中必须知道的基本要素以及客观事实和过程，是一种关于“结果”的知识，包括本学科的专业术语，具体逻辑电路，数字系统的结构、形态、作用以及发展过程与结果等。

(2)概念性知识：是经过一定的科学思维方式上升到理性认识的抽象知识。概念性知识包括本学科区别于其他学科的概念、法则、原理和理论等，通常是教学的重点和难点。

(3)程序性知识：对实践行动具有直接指导意义的知识，这类知识是教怎么做，因而是一种关于“过程”的知识。包括学科的研究方法、运算技能、算法过程、设计流程等。

(4)设计性知识：设计是一种思维创造活动，源于生活的设计需求通过思维创造转化为电路作品，并回到生活实践进而产生使用价值。设计性知识是指建立在概念性、程序性知识的基础之上，面向技术的价值转换对已有知识进行创造性加工后的知识，包括认知、建构、设计、创新等。

结合本书在绪论中提出的面向学生思维方式的五维要素结构，本书对知识按照思维结构进行了延拓，4 种类型的知识载体与思维要素之间的关系如图 5.1 所示。

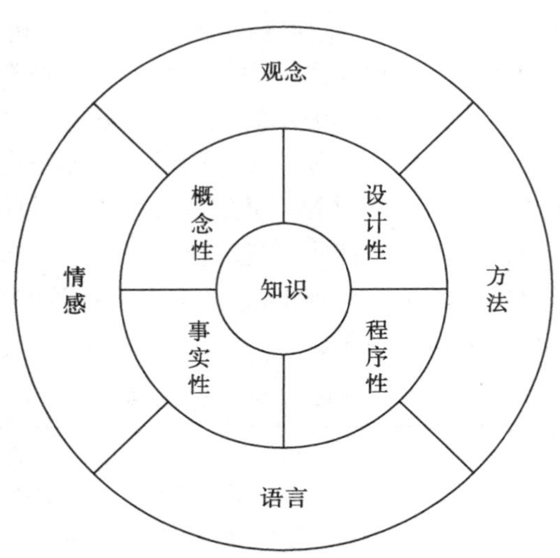

图 5.1　知识的类型与延拓

布卢姆的认知目标分类将 4 种知识与 6 种认知过程构成了二维矩阵，认知过程从低级到高级分别为记忆、理解、应用、分析、评价和创造。6 种认知过程虽然具有普遍意义，但作者更认为，学生的认知过程以及课程的目标必须服务于大学的职能，而培养人才、发展科学、服务社会、传承创新文化是我国新时期高等教育的四大功能，在这个视角下数字电子技术这门课程在学生的知识和认知的关联方式上应该怎么构建呢？针对数字电子技术的学科性质、课程目标和知识类型分布，以及从课程实施的可操作性角度考虑，本书提出一种4维认知过程的分类方法，具体含义解析如下。

(1)记忆：从文化传承的角度，应让学生形成对电子信息领域的认同感和行业的归属感。因此，对数字电子技术学科的历史信息、起源信息、发展过程信息、优秀人物及典型案例等事实性知识应达成“记忆”层次的认知。

(2)理解：从培养人才的角度，本课程能使学生形成什么样的特殊能力？本课程区别于其他课程的特点是什么？课程自身特有的研究对象、概念、研究方法、思维方式等概念性知识达成“理解”层次的认知。

(3)应用：从服务社会的角度，学了该课程有什么用？本课程的应用场景及应用方法是什么样的？本课程解决问题的方法、模式和流程是什么？对于能让数字电子技术产生价值的器件、方法、工具等程序性知识应达成“应用”层次的认知。

(4)探究：从发展科学的角度，数字电子技术当前是否成熟？社会对该课程所属的技术领域有什么样的期待？本学科领域内目前尚未解决的问题有哪些？本学科的可预见的发展趋势是什么？本学科未来还有哪些东西需要创新、可以创新？对于这些设计性知识应达成“探究”层次的认知。

为此，本书基于布卢姆的认知教育目标二维分类方法，尝试设计出一种适用于数字电子技术学科的知识认知过程二维表，如表5.2所示。

表5.2　知识认知过程二维表

知识维度	认知过程维度			
	1 记忆	2 理解	3 运用	4 探究
A 事实性	A1			
B 概念性	B1	B2		
C 程序性		C2	C3	
D 设计性			D3	D4

5.2　数字电子技术的内容知识

数字电子技术到底应该“教什么”？根据5.1节中提出的理论方法，本书将数字电子技术课程的内容知识围绕逻辑语言、逻辑思维、工程方法以及情感观念等方向加以建构，具体的内容知识至少包含如下几个方面。

(1)对数字逻辑基本概念、方法和工具的理解运用。

概念“越是简单的往往越是本质的”。数字逻辑从研究对象、研究方法、数学工具、设计手段均与模拟电子技术等其他形态电路有本质的区别。数字电子技术发展十分迅速，教材内容也不断更新，但基本概念、基本方法、基本电路等“三基”仍然没有发生根本改变，因此，在课程中引入新工具、新技术等前沿知识的同时，挖掘基本概念、方法和工具背后的用以支撑起本学科的技术思想和逻辑，对学生能力的培养十分重要。

(2)对数字思维方法的把握。

布尔逻辑基本概念的背后蕴涵着重要的思想方法，数字电路作为一种计算系统或智能系统，将物理世界形式化为可计算的符号系统，这实质是一种计算思维，作为人类三大思维方法之一，其思维方法和原理的渗透非常必要。

此外，作为技术学科的一种，数字电路学科也受到一般科学思维和工程方法的支撑，如系统论、信息论、控制论等科学方法论，甚至一些通用哲学思维方法。把握数字电子技术的思维方法、提高探究问题的能力，对促进所学知识与能力的迁移非常重要。

(3)对数字电路特有思维方式的感悟。

每一学科都有其独特的思维方式和认识世界的角度，数字电路也不例外，数字电子技术是从逻辑的角度来抽象这个物理世界，使用 0 和 1 两个元素来表达这个物理世界。因此，0 和 1 的独特性及其基于 0、1 的独特思维方法是课程的核心知识，教会学生从思维方式上完成从物理世界向计算机世界的转换是课程的价值和目标所在。

(4)对数字美学的鉴赏。

能够领悟和欣赏数字逻辑之美是课程技术素养的重要组成部分，也是进行数字电路研究和设计的重要动力和方法。包括语言层面的 0、1 包容性之美，数学层面的布尔代数的简单之美、逻辑运算的对偶之美，以及哲学层面“少即多”的辩证之美等。

(5)对工程设计精神的追求。

数字电路的设计是一种技术设计，技术是人的思想的体现，工程设计的本质就是物质世界和思想世界的结合。技术设计作为人类文明的一个组成部分，蕴涵着一定的科学性和丰富的人文性。由于每一种技术都是思想的物质体现，一切技术都是人的理念的外化，通过外化，可以读到技术所体现的思想。因此，数字电子技术课程除提高学生的技术技能外，应渗透对学生价值观、审美能力、人文关怀等工程设计精神的塑造和追求。

(6)对数字电路安全意识的形成。

数字电路、数字芯片、数字系统已经渗透到现代科技的各个领域，基于硬件电路木马的攻击行为成为电子设备和信息系统最大的安全威胁之一。美国国防部等部门发布白皮书或研究报告阐述了集成电路安全性、可靠性方面的巨大隐患。“震网”、“棱镜门”等攻击事件也在事实上证明硬件电路木马已成为一种信息战、网络战武器。在2017年我国实施《中华人民共和国网络安全法》的背景下，作为数字电子技术的专业课程，非常有必要从网络安全、信息对抗的角度去理解和研究数字电路的行为，不仅能够极大促进学生的设计技术、设计思维及价值建构，而且从教学上讲这是一种配合国家战略、与时俱进的学科知识内容建构方法。

5.3　数字电子技术的知识点认知矩阵

本节将数字电子技术知识点的“烹饪手法”和第4章的“教法菜单”联动，构成教学认知矩阵，实现从知识点、知识类型、认知手段到教法匹配的“菜单”式教学范式。在“菜单”式教学中，“原材料”是数字电子技术学科的具体知识点，“调料”是四大认知过程，“烹饪手法”主要指本书归纳的十大教学手法。这里的“菜单”式教学法并非单纯的一种教学手段，也不是各大手法的机械组合，在知识维及认知过程维组成的二维矩阵中，各种不同方式的交叉、碰撞、结合为教师实施教学研究与实践提供了广阔创造空间，对教学法的领悟和灵活运用体现了不同教师的“烹饪”艺术。

表5.3给出了一种参考教学认知矩阵，旨在给出一种“全景式”的方法论架构，需要特别强调的是，表中的教法“菜单”仅仅是从某一知识点的局部视角给出的建议，实战中教师至少需要做两点扩展。

(1)教学手法数量的扩展：根据知识点确定以一种教学法为主，同时辅以其他手法进行混合教学。

(2)知识点之间的联动扩展：如项目驱动教学法、科研教学法等要求在项目视角下将具有时空跨度的多个知识点整合，这种情况应将相关知识点串联整合后统筹考虑选择出一种合适的教学手法。

表5.3　数字电子技术知识点认知矩阵

		知识点类型	认知过程				教法“菜单”（建议）
			记忆	理解	运用	探究	
数制和码制	数制转换	程序性		√	√		案例教学法
	反码和补码	概念性		√	√		启发式教学法
	补码运算	程序性		√	√		讲授式教学法
	几种常见编码	事实性	√	√			讲授式或翻转式教学法

续表

		知识点类型	认知过程				教法“菜单”（建议）
			记忆	理解	运用	探究	
逻辑代数基础	逻辑概念	概念性		√			启发式教学法
	三种基本运算	程序性		√	√		讲授式教学法
	基本公式和定理	程序性		√	√		PBL 教学法
	逻辑函数及其表示方法	程序性			√		PBL 教学法
	逻辑函数的化简方法	设计性			√	√	案例教学法或科研法
	具有无关项的逻辑函数及其化简	设计性			√	√	探究式教学法
门电路	半导体二极管的开关特性	概念性		√	√		PBL 教学法
	二极管与门、二极管或门	概念性		√			讲授式教学法
	MOS 管的开关特性	概念性		√			PBL 教学法
	CMOS 反相器的电路结构和工作原理	概念性		√		√	探究式教学法
	CMOS 反相器的输入特性和输出特性	概念性		√	√		启发式教学法
	CMOS 反相器的动态特性	概念性		√			讲授式教学法
	其他类型的 CMOS 门电路	概念性		√	√		PBL 教学法
	CMOS 电路的正确使用	程序性			√		启发式教学法
	CMOS 数字集成电路各种系列	事实性	√				讲授式教学法
	双极型三极管的开关特性	概念性		√	√		PBL 教学法
	TTL 反相器的电路结构和工作原理	概念性		√	√		启发式教学法
	TTL 反相器的输入特性和输出特性	概念性		√	√		PBL 教学法
	TTL 反相器的动态特性	概括性		√			讲授式教学法
	其他类型的 TTL 门电路	概念性		√	√		启发式教学法
	TTL 数字集成电路的各种系列	事实性	√				讲授式教学法
组合逻辑电路	组合逻辑电路基本概念及功能	概念性		√	√		案例教学法
	组合逻辑电路的分析方法	程序性		√	√		案例教学法或 PBL 教学法
	组合逻辑电路的设计方法	设计性			√	√	探究或项目或任务驱动教学法
	中规模组合逻辑电路	概念性		√	√		案例或启发式教学法
	竞争－冒险现象机及其成因	概念性		√			启发式或 PBL 教学法
	消除竞争－冒险现象的方法	设计性		√			启发式或 PBL 教学法

续表

		知识点类型	认知过程				教法“菜单”（建议）
			记忆	理解	运用	探究	
触发器	基本概念	概念性		√			讲授式或翻转式教学法
	SR 锁存器	概念性		√			PBL 或启发式教学法
	电平触发的触发器	概念性		√		√	探究式或启发式教学法
	脉冲触发的触发器	概念性		√		√	探究式或启发式教学法
	边沿触发的触发器	概念性		√		√	探究式或启发式教学法
	触发器的逻辑功能及其描述方法	程序性		√			案例教学法
时序逻辑电路	时序逻辑电路的功能特点和电路特点	概念性		√			PBL 或启发式教学法
	常用的时序逻辑电路	概念性		√	√		案例或启发式教学法
	时序逻辑电路的分析方法	程序性		√			案例教学法
	时序逻辑电路的设计方法	设计性			√	√	任务驱动或项目驱动或科研教学法
脉冲波形的形成与整形	基本概念	概念性		√			PBL 教学法
	用门电路组成的施密特触发器	概念性		√			启发式教学法
	施密特触发器的应用	设计性			√		案例教学法
	用门电路组成的单稳态触发器	概念性		√	√		PBL 或启发式教学法
	集成单稳态触发器	概念性		√	√		PBL 教学法
	多谐振荡器	概念性		√	√		PBL 或启发式教学法
	555 定时器及其应用	设计性			√	√	任务驱动或项目驱动或混合学习教学法
D/A 和 A/D 转换	常见的 D/A 转换器	概念性		√	√		启发式教学法
	D/A 转换器的技术指标	事实性	√				讲授式教学法
	常见的 A/D 转换器	概念性	√		√		启发式教学法
	A/D 转换器的技术指标	事实性	√				讲授式教学法

本章小结

本章对数字电子技术学科内容知识进行了探析，给出了适用于本学科并与思维结构匹配的知识分类方法，进而根据本课程的知识性质提出对应的“4 维”认知过程。需要说明的是，为了通用性，本章对教材各章节知识点的罗列遵照了国内主要教材及其教学大纲。但是这种纯粹的“技术知识点”的罗列是不够的，根据本书提出的“4 维”认知过程，还有很多需要教师在课堂渗透的有关人文素养、价值观念、哲学方法论等隐性知识点并没有在表中得到体现，这需要读者在备课环节对使用哪些隐性知识作出规划并在知识认知矩阵中补充和完善，可以说，掌握挖掘承载思维建构的隐性知识应该是新手教师成功向专家型教师进化的标志。本书第三篇也从实践的角度案例化展示了关于隐性知识的挖掘的一些方法和艺术。

参考文献

[1] 李伟胜.学科教学知识(PCK)的核心内涵辨析[J].西南大学学报(社会科学版)，2012，38(1)：26-31.

[2] 吴红耘.修订的布卢姆目标分类与加涅和安德森学习结果分类的比较[J].心理科学，2009，32(4)：994-996.

[3] 盛群力，褚献华. 布卢姆认知目标分类修订的二维框架[J]. 课程.教材.教法，2004，24(09)：90－96.

第三篇　案例篇

本篇在 TPACK 框架中属于整合技术的数字电子技术学科教学知识及解决方案，理论上这种解决方案没有绝对意义上的最佳结构，需要教师的认知灵活性去寻找、体验及感悟。本篇各章的案例及用例主要来源于作者长期的教学实践及其教学解决方案，旨在将作者的体验和感悟，以逻辑函数、组合设计、触发器的进化以及计数器设计等课程核心知识点为载体进行案例式展示及点评，呼应并践行前面的学科教学知识。本篇是作者团队具体教学手法的总结，凝练了作者 10 余年从事《数字电子技术》课程教学的经验以及作者参加各种教学竞赛的心得，融入作者在数字系统信息对抗的科研成果，从信息安全的独特视角观察数字系统的原理和行为，重构并拓展了传统《数字电子技术》知识内容及视野，其教法成果与同行的研究极具互补性。

须声明的是，为了使案例知识点与教材有一定对应性，以及术语、符号的一致性，本书以目前国内使用广泛且具有代表性的教材之一即《数字电子技术基础》(第四版，高等教育出版社，闫石编著)为蓝本。但是，本篇关于具体知识点及教学素材的挖掘和罗列方法与一般教材和参考书有很大的不同，不是以教学要求或考试要求为导向，而是面向教师的“渔”，基于教材内容以思维结构为导向，挖掘出表面知识内容下可以承载思维建构的精细化隐性知识点，以帮助青年教师解决就事论事、教法上不知如何延拓、发散、创新的问题。在行文风格上，以章节为案例，每个案例某个知识点的讲法可能又有多个用例。点评环节分为用例中细节部分的“微评”和案例的总评，以求最大可能地启发知识挖掘的方法与艺术。

第 6 章　逻辑代数的教学研究与案例

6.1　知识矩阵与教学目标

基于学生思维要素建构的五维能力模型，本章及后续章节所提出的教学目标均是站在“以学生为中心”的角度，并形式化为知识、观念、情感、语言以及方法五要素。如表 6.1 所示，本章以逻辑代数及其化简等几个关键知识点为载体，挖掘该知识点所能承载的思维要素具体内容，进而案例化展示如何通过特定教学手法达成建构学生思维要素的教学目标。

表 6.1　用于思维方式建构的逻辑代数知识点

知识模块	知识点	知识类型	学生思维要素建构				教学法
			观念	情感	语言	方法	
逻辑代数及逻辑函数化简	逻辑语言 0、1 的特性	事实性概念性	语言的哲学观	审美	语言特性控制、数据	抽象方法、计算思维、符号思维	翻转式与探究式教学法
	公式法化简	设计性	工程观、辩证观	失败体验	公式、定理、最简标准等	演绎式	案例及启发式教学法
	卡诺图化简	设计性	工程观	技术进步体验	逻辑相邻、卡诺图、无关项、冗余圈等	归纳式	探究式及科研教学法

6.2　重难点分析及讲授方法建议

本章一般作为数字电子技术教材的开篇，既为全书奠定数学基础，又是统领全书的方法论。目前大多教材对该知识点的处理是作为一种事实性知识从数学或简化的数学角度阐述的。然而，0 和 1 作为一种语言，是如何表达这个世界的？又是如何反作用于这个世界的呢？为什么选择 0 和 1 这两个符号？与其他语言有什么区别和联系？作为一门语言其哲学意义在哪？它是终极语言吗？还能再创新吗？以上问题有大有小，无论教师还是学生或多或少、或深或浅都会存在以上疑问。这是本课程的开篇，既是学生理解上的一个难点，更是教学上的一个考验，需要教师具有一定哲学素养才能驾驭这个话题，这是实施探究式教学首先要探究的内容，如果教师回避这些问题，教学层次及教学效果将大打折扣。鉴于此，本案例尝试建立物理世界与数字世界的模型以启发思维，建立信号与信息的概念及其辩证关系，从语言的观点对 0 和 1 进行专题论述。如表 6.1 所示，本部分的知识类型包含事实性、概念性和设计性三类，建议采用翻转式与探究式混合的教学方法。

例如，表 6.1 中的“逻辑语言”知识点包含了事实性和概念性知识(如 0、1 的定义及符号映射，0、1 信号的角色模型，0、1 符号的思维方式等)，可采用探究式教学，讲清 0、1 的语言本质及其意义。而对逻辑语言的哲学意义、国学原理以及美学欣赏等概念性知识，建议采用翻转式教学，以连接主义的学习方式由学生自行查阅、研读相关学术资料并形成小论文，从课程一开始就从课堂形式上突出学生的中心地位，从教学过程上建立并提升学生的主体意识，有利于整个课程“面向学生思维建构”的教学顶层设计的实现。

1. 逻辑语言特异性及其思维方法

数字电子技术课程首先应该让学生理解 0 和 1 的概念，用计算思维(离散性思维)来思考问题。模拟信号是直接反映物理信息变化规律的电信号，而数字信号是对模拟信号的人为加工和处理，以另一种形式(0、1 及其编码)间接地反映物理信息的变化。虽然二进制数和逻辑代数都使用 0、1，但本质却是不同的。因此 0、1 作为数字逻辑，其思维方式相比其他形态的电路具有独特性，而 0、1 作为逻辑语言相比自然语言也具有其特异性。教师在带领学生进行探究活动时应该从方法论的高度进行点拨并形成统领课程的思维方法。

2. 逻辑语言的人文渗透

(1)语言哲学：对大学生而言，尽管学习了汉语甚至外语，但这些语言都没有跳出自然语言的范畴，而 0、1 作为一门语言与自然语言根本不同，有必要对学生进行认知上的引导，进而极大提升学生对数字语言的理解及哲学认知。人工智能、机器学习等前沿技术从信号载体的角度讲采用的是二进制语言，数字电路以二值电子元器件为物理基础，以二值布尔代数运算系统为理论基础，以 0、1 二元符号描述为语言基础。因此，从语言哲学高度探讨 0、1 符号的意义，进而讨论人工智能等科技前沿命题，对更高阶的学习和研究有着重要的铺垫作用。这也是本书在第一篇关于数字电子技术内容重构中提出与人工智能衔接的原因之一。

(2)国学：二进制及其逻辑语言的成功有其必然性，其思想和方法来源于人们长期的生产生活实践。因此，带领学生从纵向探讨其语言的演化过程，从横向探讨其他领域中的类似逻辑思想和逻辑应用，有助于学生更全面地理解逻辑语言。引入中国古代的先哲智慧的相关论述，如古代秦朝时期的二元论的哲学思想，不仅提升了学生的认知水平，同时也进行了国学教育的人文熏陶，一举多得。

3. 表示方式的多样性与统一性的哲学探讨

本章介绍了逻辑事件的多种表示方法，包括表达式、真值表、卡诺图、逻辑图、空间向量等，这些表示方式各有什么特点？分别携带了什么样的信息？相互之间可以转换的依据是什么？表达式有 5 种形式，但均可统一成一种标准的形式，是什么道理？表达式进一步可分为规则化描述和非规则化描述两类，规则化描述是基于穷举法的描述，形式与内容能否统一？多样性与统一性的辩证关系应该如何理解？又有什么指导意义？统一性与多样性是一对概括性很高的哲学范畴，有着普遍的客观基础，现代系统论、信息论、耗散结构理论等基础科学所提供的成果极大丰富了人们对统一的物质世界的多样性的认识。与统一性相联系的多样性，则是表征事物在形式、结构、层次、发展过程、阶段等方面的差别性的范畴，是指区别事物自身以及区别事物之间的关系。因此有必要在课程中对它们的基本含义和它们之间的辩证关系进行介绍，向学生讲明其内在联系更为重要，数字电路分析与设计的过程实际上就是各种表达方式之间的转换过程。

6.3 教学设计样例及点评

6.3.1 逻辑语言及其特性的教学建议

课堂模式：课堂内采用探究式教学与翻转式教学的结合。教师下发问题列表，要求学生挑选部分问题自行探究，写成探究小论文，下次课学生间相互提问、质疑，老师引导、点评。

教学目标如下。

(1)方法：计算思维、符号思维方法、逻辑抽象方法，完成从物理世界向计算机世界的转变，以计算机的视角看待、理解这个世界。

(2)观念：语言的哲学观，逻辑语言的哲学意义。

(3)语言：理解语言模型及逻辑语言的特异性，如控制、数据等。

(4)情感：哲学审美、国学熏陶。

教师活动：课堂上教师下发问题列表，要求学生挑选部分问题自行探究。问题包括但不局限于以下几个方面：0 和 1 作为一种语言，是如何表达这个世界的？又是如何反作用于这个世界的？为什么选择了 0 和 1 这两个符号？与其他语言有什么区别和联系？作为一门语言其哲学意义在哪？它是终极语言吗？还能再创新吗？同时，为了避免过于发散，可建议学生参考如下四个方面进行探究：内容探究(知识点溯源及本质要素归纳)、应用探究(知识点应用场景及典型工程案例)、科研探究(知识点延拓、未知及争议领域前沿、交叉及跨界、科研项目)、美学探究(知识背后的思维方法和技巧，模型之美、智慧之美、布尔代数简单之美等)。

学生活动：自行或分组查阅资料，撰写小论文。

教师活动：在接下来的一次课堂上采用讨论式教学，组织学生间相互提问、质疑，教师只做适当的引导、点评，突出学生在头脑风暴式讨论中的主体作用。

教师活动：归纳与提炼，总结逻辑语言的特异性，点拨数字电子技术的独特思维方式。此处可结合讲授式教学，教师可从模型、方法、审美、知识架构以及案例等方面发挥出教师在教学中的主导作用，将教师作为知识建构的一个优秀样本呈现给学生，基于前面论文实践让学生在与教师的比较中受到启发和熏陶，感受教师在学识上的高屋建瓴之美。建议但不局限于以下几个方面。

【教学案例 6-1】 逻辑语言的包容性探究

0、1 无确定的所指和能指。在数字时代人们从思维到实践所加工的介质越来越倚重 0 和 1 这两个符号。0、1 通过组合及编码指代了客观世界的万事万物，甚至可以以 0、1 为介质进行思维和实践，0、1 通过抽象由数学领域延伸到其他领域，如生活中的多媒体也是由 0、1 的组合来表示的。图 6.1 给出了 0、1 世界与物理世界相互表达及相互作用的一般模型，声音、影像、图像、文字、动画等物理世界的对象、信息都可以通过采样定理用 0 和 1 来表示。

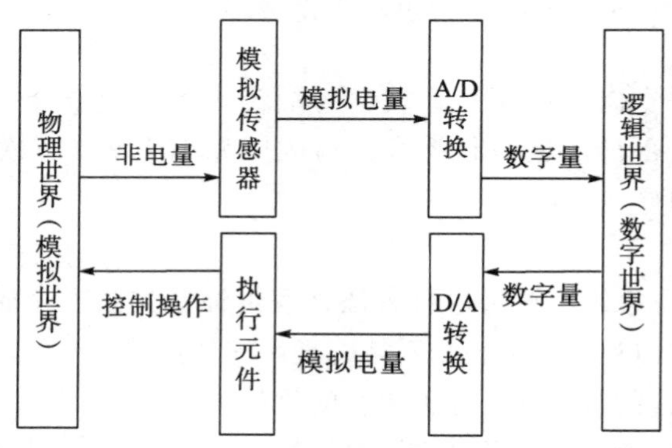

图 6.1 数字世界与模拟世界交互关系

可见，0、1 虽然简单却包罗万象，0、1 就像是比特世界的基本粒子，借此可以描述丰富多彩的物理世界，0、1 无确定的所指和能指的特性体现了简单与复杂的辩证关系，甚至演绎了未来的数字化生存。

【教学案例 6-2】 数字逻辑独特的思维方式探究

数字电路中的 0、1 信号，大多教材中将它们看成物理世界中任意一对矛盾的抽象，但从设计思维上来说这还不够，0、1 作为编码信号能指代物理世界的万事万物及其状态，因而在数字系统中 0、1 也必然携带着信号的身份信息和状态信息。一般而言，数字系统中信号的身份可以分为数据信号、状态信号及控制信号，三类信号尽管角色相互区别但都是用 0 和 1 表示且又浑然一体地工作着，如图 6.2 所示。

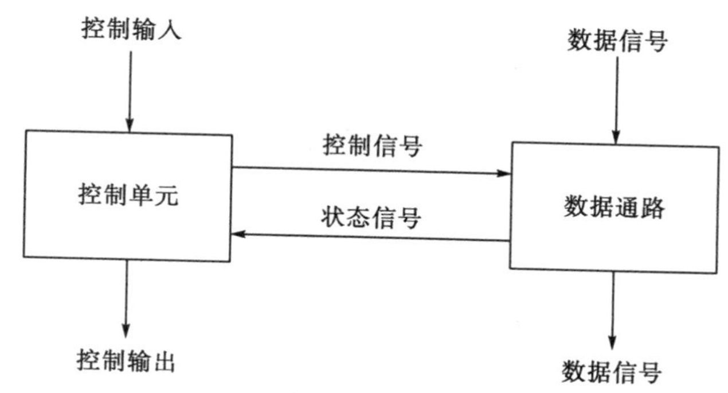

图 6.2 数字电路的信号类型

虽然三类信号对使用者来说是“透明”的，但是，设计者即数字电路工程师在设计电路时必须明确地加以区分和界定它们，这是数字电路所特有的思维方法，是模拟电路等其他形态电路所没有的。因此，在数字电路设计中建立数据的观点、信号的观点及控制的观点非常重要。

另外，同为 0 和 1 但抽象方法不一样含义也不相同，通常分为正逻辑和负逻辑。当一个确定的逻辑事件或逻辑电路其正负逻辑的抽象方法确定后，则可将逻辑电路和物理电路分离，即逻辑 0 和逻辑 1 与电路实际选择什么样的物理或电气状态(高低电平)无必然对应关系，只需根据逻辑代数的运算系统即可描述事件的因果关系进而进行逻辑设计，这种设计和实现的分离也是模拟电路等其他电路形态所没有的技术思维。

从数据、状态和控制信号这一观点出发，带领学生探究具体数字电路中 0、1 的身份、意义可以具有什么样的多样性，下面以最简单的逻辑门为研究对象说明以控制信号为中心的电路描述和设计方法。为了便于对比，从真值表或逻辑函数来观察逻辑门的行为可以有两种视角，即数据的和控制的。

以数据的观点，对如图 6.3 所示的与非门，将 A、B 理解为门的数据输入信号，根据与非门真值表“见 0 为 1，全 1 得 0”的动作特点，从输出 Y 的视角看，“0”可以直接决定输出 Y 的值因而是有效的输入信号，从函数的角度看“0”就是有效的变量。而 1 并不能充要地确定门的输出，因而是无效的输入信号。可见，从数据的观点看，“与逻辑”是低电平使能的(active-low)。

图 6.3 数据观的与非门行为

以控制的观点，同样的电路将 A、B 换成 C 和 D，如图 6.4 所示，其中 C 理解为 control 而 D 理解为 data，同样根据“与非门”真值表“见 0 为 1，全 1 得 0”的动作特点，控制信号 C 为 0 则输出 Y 为 1，这是一个常量，说明输出将不再随数据输入 D 的变化而改变，从门的视角看，为 0 的控制信号 C 会将与非门封锁使得数据 D 无法通过门到达输出端，可见，数据 D 能否通过门取决于控制信号 C。因此根据控制的观点与非门是“0 封锁”。需要说明的是，这与“与非门”的数据观是不矛盾的，“0”之所以能封锁与非门正是因为对与非门而言“0”是有效的。

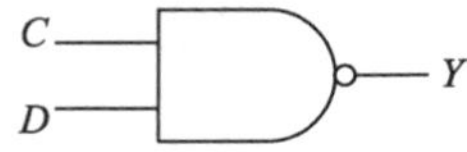

图 6.4　控制观的与非门行为

可见，与非门可以理解成 0 有效，也可以理解成 0 封锁，逻辑门的两个输入端的角色、作用、工作模式可因视角的不同而发生重大变化，结合电路的使用情境，0 和 1 从行为抽象进入到功能表达，这就是数字思维。

控制信号在数字系统中一般用于选择电路系统的功能以及设置电路系统的工作状态。以数控机床为例，可以用“1”来表示机床系统工作，如数控机床的进刀、移动数据、传送数据以及清除数据等功能行为，而“0”则可用来表示不工作。那么，控制信号的变换方式就决定了电路系统状态的切换方向，例如，控制信号由“0”切换到“1”就表示系统启动，开启监控或触发信号灯点亮等。此外，控制信号为 0 为 1 也决定了数字系统的工作状态及工作时序，因此在数字系统中区分信号的种类并以控制信号为中心建立电路的描述方法显得十分重要，学生需要认真领会。

将 0、1 按数据、状态、控制等角色加以区分十分重要，教师在阐明思想后学生往往感觉深受启发，但教师不应满足于此，为了防止机械论的理解，教师更应该带领学生一起讨论数据、状态和控制之间的辩证关系，数据、状态和信号之间的相互表达及灵活转换是数字电路设计(尤其是基于中规模芯片的设计)中的一种重要方法[1]。图 6.5 给出了数字电路或系统中信号的类型及其转换模型。图 6.5 中，链路①是指输入的数据经过电路处理后在输出端仍然表示为数据，如组合电路中的全加器、时序电路中的移位寄存器等，其输入的数据经过电路操作后其结果仍然是数据本身。链路②是指控制或状态信号经过各种处理后仍为控制或状态信号，这类操作在数字电路中最为常见。例如，移位寄存器的取数据信号与移位信号交替控制，在产生右移或左移信号时，就要加工移动信号。其他案例如逐次逼近型模数转换器中的两个控制信号，即数值比较信号和移位控制信号均属此类情况。链路③是指数据信号经过处理后转换成控制信号，当数据满足了某种条件时，除继续作为数据外还进而充当控制信号。例如，译码器的输入是数据，

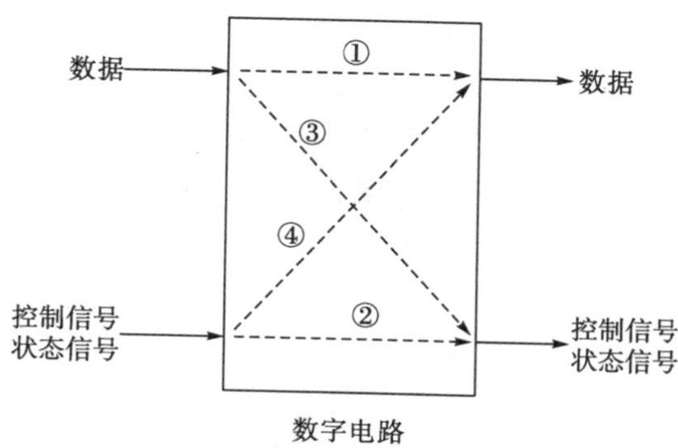

图 6.5　数据和控制信号间的转换

输出则为选择控制信号。再如反馈法构成任意进制计数器中，反馈的计数状态生成清零或置数控制信号触发计数器跳转。链路④是指根据控制信号或状态信号产生数据。例如，计数器输入复位或预置数等控制信号后，计数器内的数据被预置全“0”或特定的数值数据。一个综合的例子如图 6.6 所示。

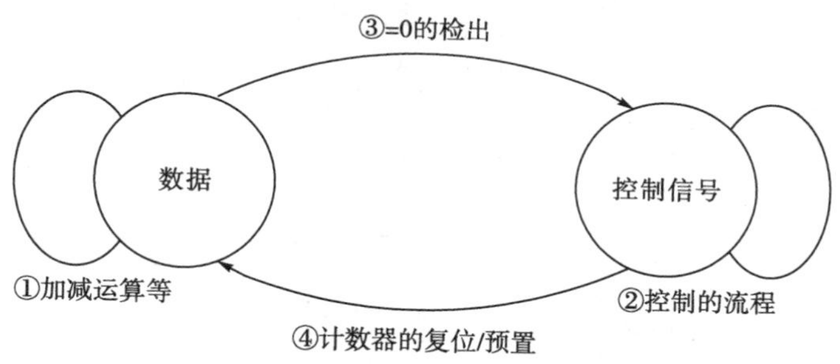

图 6.6　信号状态转换图

如上所述，数字电路的信号分为数据、状态和控制信号，无论分析还是设计，定义和区分它们的角色和作用都十分重要。时序电路的状态是一个状态变量集合，这些状态变量在任意时刻的值都包含为确定电路的未来行为而必须考虑的所有历史信息。状态变量并不需要具有直接的物理意义，而且描述一个特定时序电路的状态变量也有许多方法可供选择。进一步，控制信号又有不同身份及类型，都是 0 和 1，如何分辨是信号还是噪声干扰？如在主从结构触发器中，主器和从器须交替工作分两步走以实现物理连接而逻辑隔离，这里应该是时钟的控制信号还是逻辑门的控制信号呢？这样的区分对于提高触发器的噪声免疫力十分关键，基于时间的隔离是主从触发器结构上的精华。教师应该讲好、讲透，帮助学生提升思维水平。0 和 1 作为控制信号可以将时间分段，再一次体会 0、1 语言的抽象之美(相应教学案例详见本书第 8 章)。

需要说明的是，数据和控制的分法不是绝对的，这取决于电路的用途。信号是数据还是控制往往依赖电路使用的目的，根据具体的需求可以将数据理解成控制信号或者将控制信号抽象成数据。这一转换的基础是无论信号是何种类型在形式上都是 0 和 1。如将译码器改造成数据分配器就是一个很好的案例。如图 6.7 所示，作为译码芯片的逻辑变量 S 是作为控制信号来定义和使用的，用于选通 $G_0 \sim G_7$ 门，而 $A_0 \sim A_2$ 作为输入数据被译成$\overline{Y_0} \sim \overline{Y_7}$中的某一对象。如果想将芯片的应用目的做一转换，转变思维及信号的抽象方法，既然所有信号都是 0 和 1，为什么不可以将原来的控制信号当成数据，原来的输入数据当成控制信号呢？在此思路下，S 被当作被传输的数据，而 $A_0 \sim A_2$ 具备了控制意义，即作为地址信号打开 $G_0 \sim G_7$ 中的某一个门，进而被打开的门作为一个传输通道将 S 传递过来，类似于通信原理中的一种频谱搬移与调制的过程。这一过程可形象地比喻为：$G_0 \sim G_7$ 为 8 个频道，数据 S 分配从哪个频道输出完全由地址 $A_0 \sim A_2$ 指示，从而译码器被改造成了数据分配器。此案例比较典型，教师一定要提醒学生务必认真领会数字抽象的方法与艺术，为今后的数字设计奠定思维基础。

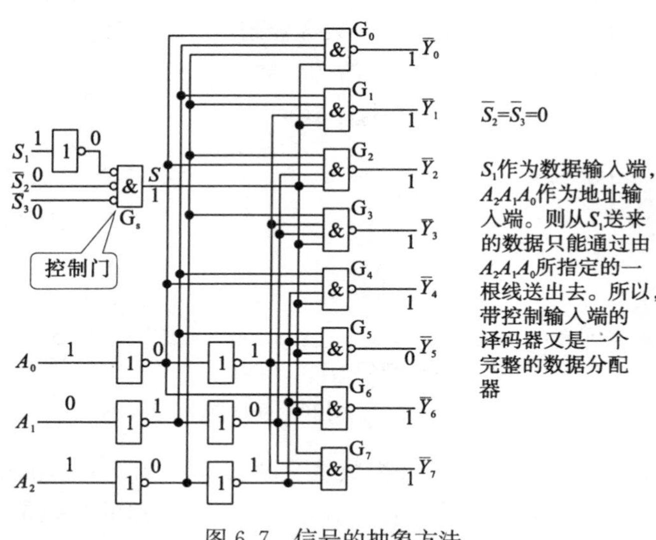

图 6.7 信号的抽象方法

【教学案例 6-3】 逻辑语言的哲学意义与美学欣赏的探究

本案例讨论语言的哲学意义及国学思想熏陶。教师可布置学生查阅相关学术文献及资料，按照一定的格式写成小论文。这里给出部分有意义的话题供参考[2-4]。

(1)0、1 与我国古代哲学思想：秦朝时期二元论的哲学思想中，0 表示阴(负力、地狱、恶、消极、破坏、夜、秋、短、水、冷等)，1 表示阳(正力、天堂、好、积极、建造、昼、春、高、火、热等)。因为数字信息是“0”和“1”经过计算机的组合及运算而衍化出来的，思维方式的“计算转向”也就由此提出，数字信息进入了哲学的范畴。此外，虚拟与实在的对立统一也启发了当今大数据时代建立数字虚拟人的设想的合理性。

(2)0、1 简单与复杂的辩证法：老子曰："大道至简"，复杂的数字系统如计算机的功能日益强大并向 AI 迈进，但其结构基础、信号形式并没有发生根本性变化，事物发展螺旋式上升，表现出更高级的表达形式。即"道，可道，非常道；名，可名，非常名。"

(3)0、1 与国学熏陶：数字信息的生成方式和阴阳太极思想。我国古代有一种关于世界"本原"的生成原理，认为万事万物都是从一个本原生化而来。《道德经》将其表述为："道生一，一生二，二生三，三生万物。"《易经》表述为："易有太极，是生两仪，两仪生四象，四象生八卦，八卦定吉凶，吉凶成大业。"有趣的是，当今计算机正式通过操作 0、1 及其组合衍化出了无穷多种形态的符号系统，这似乎实践并印证了我国先哲天地万物均由阴阳两仪变化而成的思想。据考证，计算机之父德国莱布尼茨正是以其二进制数学的观点研究了邵雍的易卦符号系统，并发现两者之间的某些一致性，进而从中启悟出数学二进制的前景。中国古代的八卦理论也许是人类最古老的信息结构理论，这种理论在《周易》一书中得到了系统的解释，我国古代阴阳太极思想所蕴含的科学性也恰好能解释数字信息为何能构建一个虚拟世界。因此，数字语言相比自然语言更具哲学意义。

(4)0、1 与美学：0、1 的美学探究可从多个角度挖掘。包括 0、1 的包容之美，布尔代数的简单之美，逻辑运算的对偶之美等。例如，数字化的采样定理，从哲学角度看，取样信号比原信号占用的时间资源少，但在一定条件下，它包含的信息量和原信号一样多，这就体现了"少就是多"的哲理。另外，0、1 作为信息 DNA 的比特取代了原子成为人类社会的基本要素，比特犹如多媒体世界的基本粒子，以 0 和 1 为介质描述和表达这个丰富多彩的物理世界，也体现了"少即是多"的美学原理。"少就是多"是德国建筑师米斯的名言，其理念的核心是简约主义。可见，世界上的事物并不总是多多益善，以此为切入点启发学生的共鸣和思考。再如布尔代数对偶之美，布尔代数系统的公理是假定其值为真的基本定义的最小集，由此可推导出关于系统的所有其他信息。如公理用若 $X \neq 1$，则 $X=0$，或者若 $X \neq 0$，则 $X=1$ 来定义"数字抽象"。因而公理是成对出现的，区别只是符号 0 和 1 的互换，这是所有布尔代数公理的特征，也是对偶性原理的基础。具体在形式上包括结构与位置的对偶，"0"与"1"、"+"与"−"、原变量与反变量的对偶之美。

(5)0、1 与生物智能：阿德里安揭示了生物神经元的工作原理，包括神经冲动和神经抑制两种状态，相当于数字系统中的 0 和 1，这种相似性是一种偶然现象吗？神经系统中的"0"和"1"与计算机中的二进制结合，科学家提出了影响深远的神经网络算法，进而通过人工神经网络模拟人脑的思考，促成了人工智能、机器学习的极大进步。这种多学科的交融、跨界是未来科学研究的发展趋势。

(6)0、1与网络安全：事物具有两面性，0、1拥有强大表达能力的同时同样具有巨大的破坏力。虚拟的0、1可以反作用于现实，例如，著名的攻击伊朗核设施的震网(Stunet)病毒，是软件(即0和1)攻击硬件的典型事件。进一步可启发学生对网络攻击、软件漏洞体系在信号指令上(0、1)、硬件上的工作原理，从攻击的角度加深对0、1及其数字电路的理解。

6.3.2 逻辑表达式及其化简的教学建议

课堂模式：案例、启发式教学。

教学目标如下。

(1)方法：公式法化简的演绎式思路和方法，思维的品质特性(思维加工的内容、顺序、层次、结构等)。

(2)观念：工程观、辩证观，理解表达式多样性与统一性的辩证关系。

(3)语言：公式、定理、最简式等。

(4)情感：失败中体验挫折感悟。

【教学案例6-4】 公式化简中的思维探究

教学内容分析：表达式携带了什么样的信息？相互之间可以转换的依据是什么？表达式有5种形式，但均可统一成一种标准的形式，是什么道理？多样性与统一性的辩证关系应该如何理解？又有什么指导意义？公式法化简由于没有固定的、系统的方法和步骤，教师在讲授某种化简方法时容易就事论事，很难解答学生的困惑：老师为什么要这样化简？老师是怎么想到的？老师讲的只是个案和特例，碰到其他题我还是不知从何入手。而教材考虑到本节知识点的作用在减弱且有专门的工具软件自动化简，因而在写作风格和篇幅上都偏简单，各种化简方法是孤立的介绍，没有形成一个整体观。作者认为从教学的角度布尔代数是数字电路的核心表达式，是进行思维训练的良好载体。教师应从思维的高度把握好公式化简5种方法的差异、各种化简方法在化简效果上的层次差异以及在化简过程中的顺序差异，以整体观看待化简并阐释思维方法没有对错之分但有品质高低之别。建议采用案例及启发式教学法，在化简挫折和失败中和学生一起前进，始终强调“我是怎么想到这样做的”，真实再现演绎归纳之过程，从而完成科研思维的渗透，授之以“渔”。

教师活动：介绍公式法化简的基本思路即反复使用基本和常用公式，消去多余乘积项和多余因子，其过程可以描述为如图6.8所示。

图 6.8　公式化简的过程模型

公式化简教材提供了 5 种方法，思维方法没有对错，但思维品质有高低之别。教师在讲授这部分知识时，不必为学生提供一种固定模式，而是提倡一种思维方式，理解不同思维方式对化简过程的影响，以启发学生自己探究归纳和思维提升。

(1)并项法。

其原理是利用公式 $AB+A\overline{B}=A$，将两项合并成一项，并消去互补变量。掌握该方法的关键是抓住公式的格式特征码，利用代入定理扩展公式的范围，从而获得一种观察表达式的整体观。该公式的特征是两项有公因子，剩余部分互补，即[ ]( )+[ ]$\overline{(\ )}$=[ ]。

【例 6.1】　化简 $Y=A\,\overline{\overline{B}CD}+A\overline{B}CD$。

解　$Y=A\,\overline{\overline{B}CD}+A\overline{B}CD$

$=A(\overline{\overline{B}CD})+A(\overline{B}CD)$　　思路 1：代入定理

$=A(\overline{\overline{B}CD}+\overline{B}CD)=A\cdot 1=A$

【评注】　作为第一次接触公式化简的学生，此题容易首先想到对$\overline{\overline{B}CD}$用摩根定理。这表明学生思维的层次还不够高，教师应着重加以点拨，让学生建立思维品质的概念。本知识点是公式法化简，思维过程：化简的目标是什么呢？最简表达式。最简的标准是什么呢？与项的个数最少，每个与项的变量数最少。那么，首先用摩根定理展开$\overline{\overline{B}CD}$是沿着最简标准在前进呢？还是恰恰相反呢？这就是化简中的思维精髓。

【例 6.2】　化简 $Y=B\overline{C}D+BC\overline{D}+B\,\overline{C}\,\overline{D}+BCD$。

解　方法 1

$Y=\underline{B\overline{C}D}+BC\overline{D}+\underline{B\overline{C}\,\overline{D}}+BCD$

$=B\overline{C}(D+\overline{D})+BC(D+\overline{D})$　　思路 2：找公共因子

$=B\overline{C}+BC=B$

方法 2

$Y=\underline{B\overline{C}D+BC\overline{D}}+B\,\overline{C}\,\overline{D}+BCD$

$=B(\overline{C}D+C\overline{D})+B(\overline{C}\,\overline{D}+CD)$

$=B(C\oplus D)+B(C\odot D)$

$=B(C\oplus D)+B(\overline{C\oplus D})$

$=B$

【评注】　本题可用两种方法，但思维是相同的，即找公因子然后观察表达式剩余部分与并项公式格式特征的匹配性。但方法 1 与方法 2 仍有着差别，比较而言，方法 1 较方法 2 简单，为什么会这样？一种经验解释便是方法 1 观察到的公因子更多，整体相似信息提取更充分。

(2)吸收法。

其原理是利用公式 $A+AB=A$，将 AB 项吸收得以化简。掌握该方法的关键是抓住格式的特征码，利用代入定理扩展公式的范围，从而获得一种观察表达式的整体观。该公式一项被另外一项包含，则另一项是多余的，即( )+( )[ ]=( )。

【例 6.3】 化简 $Y=(\overline{\overline{A}B}+C)ABD+AD$。

解 $Y=(\overline{\overline{A}B}+C)ABD+AD$

$=(\overline{\overline{A}B}+C)B\underline{AD}+\underline{AD}$ 思路 1：代入定理

$=\underline{AD}$

【评注】 本例学生也容易先将括号展开，但正如例 6.1 的点评，若优先考虑先展开括号，则还没开始化简自己就沿着最简标准倒退了两步。虽不能说展开括号是错的，但至少不应该作为第一步优先考虑。这就是思维品质及思维顺序。

【例 6.4】 化简 $Y=A+\overline{\overline{A}\cdot\overline{BC}}\cdot(\overline{A}+\overline{\overline{BC}+\overline{D}})+BC$。

解 $Y=A+\overline{\overline{A}\cdot\overline{BC}}\cdot(\overline{A}+\overline{\overline{BC}+\overline{D}})+BC$

$\boxed{=(A+BC)+\overline{\overline{A}\cdot\overline{BC}}}(\overline{A}+\overline{\overline{BC}+\overline{D}})$ 思路 3：由简到繁排列

$=(A+BC)+(A+BC)+(\overline{A}+\overline{\overline{BC}+\overline{D}})$ 思路 4：变量相同，个数相等，形式相似，考察它们之间的关系

$=A+BC$

【评注】 本例的思维有两个亮点。一是思维顺序上先整体后局部、先宏观后微观，因此有思路 3。二是思维深度上，表达式之所以能化简是因为不同乘积项表达的信息有交叉、重叠和冗余，这种信息的冗余表现在形式上即相似性，其含义为：表达式之间变量相同、个数相等、形式相似(相同和相反)。当发现具备相似特征的两个表达式时，应该考察它们之间的相似关系是否成立，考察的方法是还原律加摩根定理。

(3)消因子法。

其原理是利用公式 $A+\overline{A}B=A+B$，将反变量消去。掌握该方法的关键是抓住格式的特征码，利用代入定理扩展公式的范围，从而获得一种观察表达式的整体观。该公式一项取反后被另外一项包含，则反变量是多余的，即( )+$\overline{(\ )}$[ ]=( )+[ ]。

【例 6.5】 化简 $Y=A\overline{B}+B+\overline{A}B$。

解 $Y=\underline{A\overline{B}+B}+\overline{A}B$ 思路 5：出现单变量时，至少可考虑两种方法，即吸收法和消因子法

方法 1：$=\underline{A}+B+\underline{\overline{A}B}$

$=A+B+B=?\begin{cases}A+B\checkmark\\A+2B\end{cases}$ 消因子法

方法 2：$=A+\underline{B}+\underline{\overline{A}B}$　　吸收法

$=A+B$

【评注】　本例化简第二步同时出现了吸收法和消因子法两种化简方法，从化简的效果看吸收法比消因子法更为彻底，节省了一个步骤。可见，这验证了本书提出的思维品质、思维顺序的意义和必要性。

【例 6.6】　化简 $Y=AC+\overline{A}D+\overline{C}D$。

解　$Y=AC+\overline{A}D+\overline{C}D$　　思路 2：找公因子

$=\underline{AC}+\underline{(\overline{A}+\overline{C})}D$　　思路 4：变量相同，个数相等，形式相似，考察它们之间的关系

$=AC+\overline{AC}D$

$=AC+D$

(4)消项法。

利用公式 $AB+\overline{A}C+BC=AB+\overline{A}C$ 及 $AB+\overline{A}C+BCD=AB+\overline{A}C$ 消去多余乘积项。掌握该方法的关键是抓住格式的特征码，利用代入定理扩展公式的范围，从而获得一种观察表达式的整体观。该公式在两个乘积项中找出一对互补变量，剩余部分组成第三项或第三项的一部分，则第三项是多余的，即$(\ )\{\ \}+\overline{(\ )}[\ ]+\{\ \}[\ ]=(\ )\{\ \}+\overline{(\ )}[\ ]$。

【例 6.7】　化简 $Y=AC+A\overline{B}+\overline{B+C}$。

解　思路 1(失败体验)：

$Y=A(C+\overline{B})+\overline{B+C}$

$=A(\overline{B}+C)+\overline{B+C}$　　注：变量相同、个数相等，但形式不相似

思路 2(失败体验)：

$Y=AC+A\overline{B}+\overline{B}\overline{C}$

$=AC+\overline{B}(A+\overline{C})$　　注：变量相同、个数相等，但形式不相似！

思路 3：

$Y=AC+A\overline{B}+\overline{B+C}$　　思路 6：化成与或式

$=AC+A\overline{B}+\overline{B}\overline{C}$　　思路 7：找互补变量

$=AC+\overline{B}\overline{C}$

【评注】　本题给出了 3 种思路，基本覆盖了学生所有的化简构思及想法。教师不应直接给出最优解法，否则学生会认为这些案例及化简思路都是教师刻意构造的，作为学生学不到这种经验。而应该注意各化简方法的先后关系，重现学生的思维并进行可行性探究，解除学生疑虑并回答好方法之间的抉择逻辑，这对学生思维的点拨极其重要。根据前面化简方法的介绍，学生最自然的思维应该是找公因子看相似性，然而，此题都走不通，使用还原律和摩根定理发现并无形式上的相似，思路 4 在此题中失败了。然而，正是在失败的基础上接下来才想到要去找互补变量。如果教师就题论题一上来就用消项公式，是不合理的，不是一种以学生为中心面向思维建构的讲法。要求学生再次体会思维的顺序、失败体验以及在错误中前进的研究方法。如果过程是科学的，那么失败尝试就是有意义的。

【例 6.8】 化简 $Y=A\overline{B}C\overline{D}+\overline{A\overline{B}}E+\overline{A}C\overline{D}E$。

解 $Y=\underline{A\overline{B}}C\overline{D}+\underline{\overline{A\overline{B}}}E+\overline{A}C\overline{D}E$　　思路 4：变量相同，个数相等，形式相似，考察它们之间的关系

$=A\overline{B}C\overline{D}+\overline{A\overline{B}}E$

(5)配项法。

原则：配上新因子或新项后，并不改变原函数。

思想：以退为进，退一步而进两步。

方法如下。

①配重叠项：利用公式 $A=A+A$，在函数表达式中重复使用某一乘积项，表达式不变。

②配因子：$A=A\cdot 1$，给某一乘积项配上值为“1”的互补因子，表达式不变。

③配冗余项：消项法的反向运用，即 $AB+\overline{A}C=AB+\overline{A}C+BC$。

【例 6.9】 化简 $Y=\overline{A}B\overline{C}+\overline{A}BC+ABC$。

解 $Y=\overline{A}B\overline{C}+\overline{A}BC+ABC$　　特征：第二项与第一项、第三项均相邻

$=(\overline{A}B\overline{C}+\underline{\overline{A}BC})+(\overline{A}\underline{BC}+ABC)$　　思路 8：已退为进(配项)

$=\overline{A}B(\overline{C}+C)\ +BC(\overline{A}+A)$

$=\overline{A}B+BC$

【例 6.10】 化简 $Y=\overline{A}\overline{B}+\overline{B}\overline{C}+BC+AB$

解 $Y=\overline{A}\overline{B}+\overline{B}\overline{C}+BC+AB$

$=\overline{A}\overline{B}(C+\overline{C})+\overline{B}\overline{C}(A+\overline{A})+BC(A+\overline{A})+AB(C+\overline{C})$　　思路 8：已退为进(配因子)

$=\overline{A}\overline{B}C+\overline{A}\overline{B}\overline{C}+A\overline{B}\overline{C}+\overline{A}\overline{B}\overline{C}+ABC+\overline{A}BC+ABC+AB\overline{C}$

$=\overline{A}\overline{B}C+\overline{A}\overline{B}\overline{C}+A\overline{B}\overline{C}+ABC+\overline{A}BC+AB\overline{C}$

$=\overline{A}C(\overline{B}+B)+\overline{B}\overline{C}(\overline{A}+A)\ +AB(\overline{C}+C)$

$=\overline{A}+\overline{B}\overline{C}+AB$

【例 6.11】 化简 $Y=AC+\overline{A}D+\overline{C}D$。

解 $Y=AC+\overline{A}D+\overline{C}D$

$=AC+\overline{A}D+\underline{CD}+\overline{C}D$　　思路 8：已退为进(配冗余项)

$=AC+\overline{A}D+D$

$=AC+D$

【点评】 本例方法与例 6.6 方法相比，灵活性更高，采用了迂回方法间接地达成与例 6.6 相同的化简效果，这对学生触动较大。但客观地说，本例方法步骤要多一些，尽管巧妙但仍不宜作为化简的优先方法。

教师活动：组织学生进一步讨论，以上 5 种方法、8 种思路对化简的效果是对等的吗？这种不对等意味着什么呢？思维品质存在高低关系，思维过程存在顺序及优先级关系。比较可知，吸收法的化简是最彻底的，因此应优先考虑。而以

退为进先把问题搞复杂，从最简的标准看是一种背道而驰，是一种迫不得已的方案，从思维顺序讲不应该优先考虑。学生们应该善于从最简的标准来评价一个步骤、一种思维方式的合理性、有效性。下面再以一个综合例题说明整体优先的思维顺序及其效果。

【例 6.12】 化简 $Y=AC+\bar{B}C+B\bar{D}+C\bar{D}+A(B+\bar{C})+\bar{A}BC\bar{D}+A\bar{B}DE$。

解 $Y=AC+\bar{B}C+B\bar{D}+C\bar{D}+A(B+\bar{C})+\bar{A}BC\bar{D}+A\bar{B}DE$ 化成与或式

$=AC+\underline{\bar{B}C}+B\bar{D}+C\bar{D}+A(\overline{\bar{B}C})+\bar{A}BC\bar{D}+A\bar{B}DE$ 变量相同，个数相等

$=\underline{AC}+\bar{B}C+B\bar{D}+C\bar{D}+A+\bar{A}BC\bar{D}+A\bar{B}DE$ 出现单变量

$=A+\bar{B}C+\underline{B\bar{D}}+C\bar{D}+\bar{A}BC\bar{D}$ 简单项与复杂项的排列

$=A+\underline{\bar{B}C+B\bar{D}+C\bar{D}}$ 找互补变量

$=A+\bar{B}C+B\bar{D}$

此题比较复杂，有多个步骤及多种顺序，更能体现不同思维的差别。本例的思维过程：首先通过整体观察表达式，容易发现最特别的是括号部分，对于括号有两种处理，一是展开，二是作为一个整体。如果展开则变成两个乘积项，从最简标准看这是在退步，不应被优先采用。于是应该先采用整体思维，把括号看作一个整体，该思路是否可行的标准是括号作为一个整体是否与表达式其余部分有相似性。根据思路 4 进行简单变换后可知存在消因子法公式，进而得到单变量 A。常识可知，单变量被表达式其余部分所包含的概率是很大的，即吸收法的可能性极大，而吸收法是最彻底的化简方法，因而接下来优先应用吸收法使得表达式只剩下 5 项。此时，容易出现一个误区就是继续利用单变量 A 对最后一项进行消因子，这是违背思维优先级的，因为采用吸收法特征码观察剩下 5 项可发现第三项 $B\bar{D}$ 已可以将最后一项完全吸收，因而消因子就是多此一举，再一次提示学生体会思维的顺序。

学生活动：学生上讲台，根据思维连续性和惯性，设置相应例题进行强化训练，并要求学生对台上同学的化简思路从思维品质角度进行点评。(略)

教师活动：探究式继续前进，引导进一步思考的方向。如能否进一步抽象出 5 种化简方法的共性，从而减少化简方法的种类呢？其实，根据最简与或式的两个标准，所有的逻辑函数化简都可以看作是一个吸收的过程(吸收律)，其含义包括 3 个方面。

①原变量吸收：$A+AB=A$(长中含短留下短，找公因子)。

②反变量吸收：$A+\bar{A}B=A+B$(长中含反去掉反，找反变量)

③混合变量吸收：$AB+\bar{A}C+BC=AB+\bar{A}C$(正负相对余全完，找互补变量)。

【例 6.13】 化简 $F=AB+A\bar{C}+\bar{B}C+B\bar{C}+\bar{B}D+B\bar{D}+ADE(F+G)$。

思维过程：本例表达式项数特别多，宜采用整体观察，先找公因子，如前两项提一个公因子 A，就得到剩下的 $B+\bar{C}$，这与第三项 $\bar{B}C$ 有相似性，且是一种相反关系，因而可用消因子法 $A+\bar{A}B=A+B$ 处理，进而得到单变量 A，那么

利用思路 5 应优先考虑吸收法。

解　思维阶段 1：

$$F=AB+A\overline{C}+\overline{B}C+B\overline{C}+\overline{B}D+B\overline{D}+ADE(F+G)$$
$$=A(B+\overline{C})+\overline{B}C+B\overline{C}+\overline{B}D+B\overline{D}+ADE(F+G)$$
$$=A\,\overline{\overline{B}C}+\overline{B}C+B\overline{C}+\overline{B}D+B\overline{D}+ADE(F+G)\qquad\text{反变量吸收}$$
$$=A+\overline{B}C+B\overline{C}+\overline{B}D+B\overline{D}+ADE(F+G)\qquad\text{原变量吸收}$$
$$=A+\overline{B}C+B\overline{C}+\overline{B}D+B\overline{D}$$

至此，大多数学生会误以为已经化到最简，然而是否最简的判定目前没有严格的数学方法，更多要依赖经验，这里也提示学生此处有再创造、创新的空间，引发学生的关注和研究。

思维阶段 2：

观察以上得到的简化表达式，其特点是形式上 5 个项均比较简单，很难看出之间的相似关系，因此可以考虑以退为进的配项法恢复出更多的信息，具体而言既可以配重叠项，也可以配冗余项。

方法一：

$$F=A+\overline{B}C+B\overline{C}+\overline{B}D+B\overline{D}$$
$$=A+\overline{B}C(\overline{D}+D)+B\overline{C}+\overline{B}D+B\overline{D}(C+\overline{C})$$
$$=A+\overline{B}C\overline{D}+\overline{B}CD+B\overline{C}+\overline{B}D+BC\overline{D}+B\overline{C}\overline{D}\qquad\text{反变量吸收}$$
$$=A+C\overline{D}+\overline{B}D+B\overline{C}$$

方法二：

$$F=A+\overline{B}C+B\overline{C}+\overline{B}D+B\overline{D}$$
$$=A+\overline{B}C+B\overline{C}+\overline{B}D+B\overline{D}+C\overline{D}\qquad\text{混合变量吸收}$$
$$=A+\overline{B}C+\overline{B}D+C\overline{D}$$

【评注】　此题体现了公式化简吸收原理，同时出现了原变量的吸收、反变量的吸收以及混合变量的吸收，对这种归纳能力及归纳方案学生应细致加以体会。另外，本题极其容易造成化不到最简，这是公式法化简的不足，需要学生引起思考，进而寻找更好的解决方案。

教师活动：与学生一起进行归纳总结，公式化化简虽然没有一个系统、固定的方法和步骤，正是如此化简过程才更需要强调思维的品质及顺序，而这是几乎所有教材和参考书都没有足够重视并阐述清楚的。公式法化简需要有整体思维，通过代入定理扩大公式的特征视野，以信息论的观点思考，寻找表达式信息上的交叉、冗余，形式上的表达式各项之间存在的公因子和相似性，通过 5 种方法、8 种思路、3 类吸收实现向最简式的运动。在思维顺序上，因为各化简方法在效果上是不对称的，需要统筹考虑化简方法的优先级，例如，一般而言可以先找公因子，再找相似性，最后互补变量等。

6.3.3 卡诺图及其化简的教学建议

课堂模式：科研、探究式教学。

教学目标如下。

(1)方法：科研思维方法，作为一种表达方式不仅仅用于化简。

(2)观念：工程观，理解卡诺图的演化过程和构图思想，时空交换的哲学观。

(3)情感：对称之美，信息维度、结构的空间之美，结构与功能和谐之美。

(4)语言：卡诺图、无关法、逻辑空间等。

【教学案例 6-5】 卡诺图本质及溯源探究

教学内容分析：相比表达式，卡诺图作为一种图形方法更为抽象，从语言层次上讲表达信息的能力更强，因而更具灵活性。基于方格的化简操作学生初次接受不太适应，课堂上教师必须进行溯源探究，卡诺图是在什么背景下面向什么问题给出的一种解决方案？这种被广泛使用的解决方案本身就是进行科研思维训练的良好载体，教师应该讲清楚卡诺图的演化过程和构图思想，卡诺图携带了什么样的信息？这些信息是如何被架构在结构上的？如何欣赏结构与功能和谐之美？相比其他的化简法如何评价卡诺图？从高维视角俯视各化简方式的体系是怎样的(一维、二维、三维)？同时在科研上启发学生作为一种表达手段卡诺图仅仅是用来化简的吗？

教师活动：导入情境，设置问题。请部分学生上讲台根据最小项的性质快速化简如下表达式：

$$F = A\overline{B}\overline{C} + \overline{A}B\overline{C} + \overline{A}\overline{B}C + \overline{A}\overline{B}\overline{C} + ABC$$

学生活动：台上学生演算化简，台下学生计时。(略)

教师活动：引导学生互动讨论，提出问题：化简速度的瓶颈在于什么地方？

学生活动：表达式变量很多……

表达式乘积项很多……

识别相邻项时数变量上的非号很费时……

教师活动：点评。学生已经亲身经历并感受到了卡诺图研制背景的一个主要原因之一，那就是要解决表达式化简耗时长且效率低下的问题。卡诺图当初的思维逻辑大致可归纳为：表达式多种多样，且基于表达式的化简又没有一个系统的方法和固定的模式，表达式是否最简也没有严格的数学判定规则，怎么办？因为任何表达式都可以统一为一种标准形式即最小项之和的形式，而这种形式对一个确定的逻辑事件而言是唯一的。那么，如果基于最小项标准式来研究化简是不是有可能给出一个系统且固定的方法呢？进而，两个最小项之和要化简必须满足逻辑相邻，因此如何找到所有所需的相邻最小项是解决问题的关键，而这就遇到了学生识别反变量找相邻最小项费时费神的问题，怎么解决呢?

学生活动：学生思考并课堂讨论。(略)

教师活动：启发学生，哲学上有一种思想称为“时空交换”，即用空间换时间，用空间结构上复杂度的突破来换取时间上的性能。

【微评】 此处教师可根据学生及课时情况适当延伸，让学生受到哲学思想的熏陶。

公式法化简是一种表达式方法，表达式可看作逻辑变量组合的一种一维排列，怎么突破呢？容易想到，在空间维度上有一维、二维、三维等空间排列。教师可通过三维的逻辑空间距离自顶向下讲授。表达式的真值表、卡诺图、逻辑空间图其本质是一种穷举方法，它们的区别只是坐标的排列方式不同，真值表是一维排列、卡诺图是二维排列而逻辑空间是三维排列。

【微评】 三维的逻辑空间距离部分教材没有相关内容，有相关内容的教材大多放在扩展阅读的部分。但教师完全可以花较少时间引入逻辑空间的概念，这对提升学生思维层级非常有效，达到“一览众山”的效果。

三种空间排列的对比如图 6.9 所示。其中图 6.9(a)为真值表，是三变量的一维排列方式，图 6.9(b)为卡诺图，是三变量的二维排列方式，而图 6.9(c)为 X、Y、Z 三个变量构成的三维空间向量，每一维代表 X、Y、Z 中的一个变量且只有“0”和“1”两个值，进而构成边长为“1”的三维结构。三维结构的每一个顶点相当于卡诺图的一个方格、真值表中的一行以及表达式中的一个最小项。在该三维空间中进一步定义各顶点之间的距离，其含义是假如从图中 A 点运动到 B 点，不允许走虚线路线，即只能通过空间中的棱线(图中的 12 条实线)，则 A 点($XYZ=011$)须先通过中间点($XYZ=001$ 或 $XYZ=010$)才能到达 B 点($XYZ=000$)，在这里如何定义路线的长短呢？逻辑空间上的汉明(Hamming)距离规定变量从 0 跳变到 1 或从 1 跳变到 0 表示单位空间距离“1”，由于运动路线中三变量 XYZ 有两个变量发生了改变，则 A 到 B 的汉明距离就为 2。在三维逻辑空间

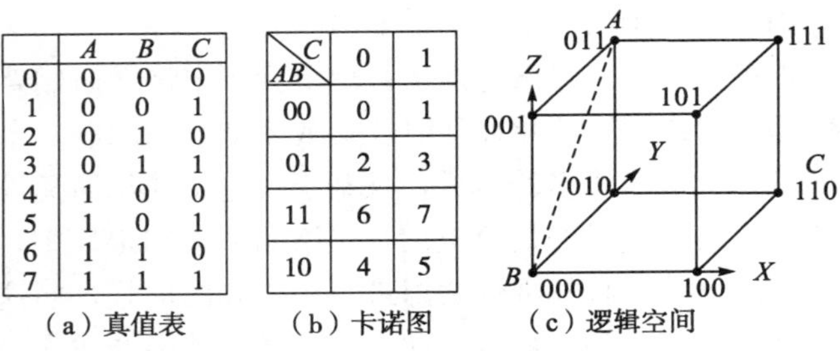

	A	B	C
0	0	0	0
1	0	0	1
2	0	1	0
3	0	1	1
4	1	0	0
5	1	0	1
6	1	1	0
7	1	1	1

(a) 真值表

AB \ C	0	1
00	0	1
01	2	3
11	6	7
10	4	5

(b) 卡诺图

(c) 逻辑空间

图 6.9 逻辑空间的距离表达

图上每个顶点(最小项)之间的相似关系表现得十分清晰、直观。这就是“时空交换”的效果，牺牲空间结构上的复杂度换来了相似性辨识速度上的性能。类似的思路和方式，卡诺图也是拓展了最小项的空间排列，组成一种二维结构，通过采用循环编码使得码距为“1”的最小项排列在几何相邻的位置上，从而使得逻辑相邻与几何相邻具有一一对应的映射关系，将逻辑相邻的关系变换成几何位置上的相邻关系，用几何方法来解决代数问题，这就是卡诺图的构图思想！

教师活动：卡诺图体现了一种数形结合的思想。通过以上卡诺图的起源及其构图思想的分析可知，卡诺图解决了相邻最小项的快速识别问题。但是，基于卡诺图的画圈的过程和顺序上仍然没有系统的步骤，各教材处理方法不一，基于教师的经验和科研给出一些参考步骤，这也预示着此处还有研究的空间，启发学生的创新意识。

1)卡诺图画圈的实质

根据逻辑相邻定义中只有一个因子不同的要求，两个逻辑相邻的最小项相加可以提公因子，两项合并成一项，例如：

$$AB\overline{C}+A\overline{B}\overline{C}=A\overline{C}(B+\overline{B})\ =A\overline{C}$$

可见，卡诺图化简的过程就是反复应用公式 $A+\overline{A}=1$，合并相邻最小项，消去互非因子，从而使逻辑函数得到化简的过程。

2)卡诺图画圈的原则

卡诺图的画圈原则可以从数量、方法及结构三方面加以描述和界定。

(1)圈中所包含小方格数必须是 2^i 个，不满足 2^i 关系的最小项不能合并。

(2)圈中的最小项必须循环相邻。

(3)圈中的小方格必须排列成矩形结构，非“正”即“长”。

为了帮助学生掌握画卡诺圈的原则，尤其是循环相邻的判断，下面给出几个反例，如图 6.10 所示。

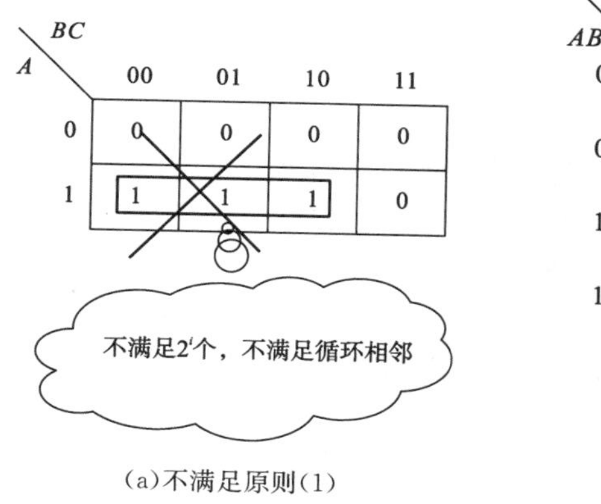

(a)不满足原则(1)

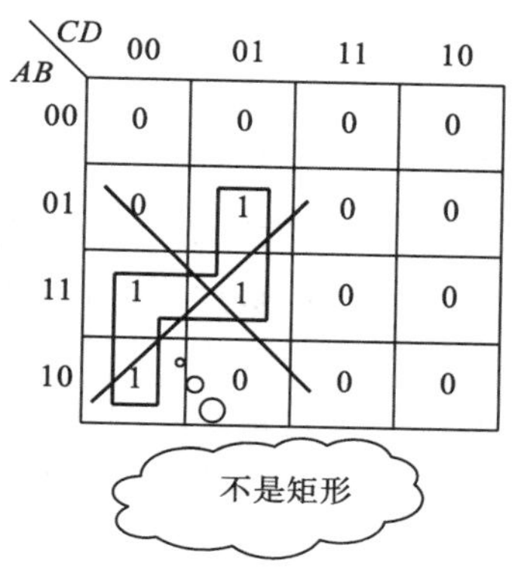

(b)不满足原则(3)

图 6.10　循环相邻的判断

3)卡诺图画圈的规律

卡诺图画圈的规律可用口诀总结为16个字：能大则大、能少则少、重复有新、一个不漏。具体含义如下：

规律

- 能大则大：包围圈越大，包含的最小项越多，消去的变量就越多，与项中留下的变量就越少，其规律是 2^i 个最小项相圈可消去 i 个变量。
- 能少则少：在圈住所有“1”方格的前提下，圈的数目最少，这意味着化简得到的与项个数最少。
- 重复有新：最小项允许被多个圈重复使用，但每个圈至少有一个是新的，即未被其他圈所包围，否则合并后的与项就成了冗余项。
- 一个不漏：每个最小项都应有圈，不能遗漏。孤立最小项也要单独画圈。

4)卡诺图画圈的顺序

卡诺图画圈可有两种顺序，一种是先圈大圈再依次画小圈，其缺点是小圈中的“1”很可能已全部出现在大圈中而使得小圈因不满足“重复有新”而成为冗余圈，因此圈完后需要进行排查是否存在冗余圈。另一种是先圈小圈再依次画大圈，该方法一般无须进行冗余圈的排查。本书建议采用后一种方法。

顺序

- 第一步：先圈孤立最小项，即无其他相邻方格的最小项。
- 第二步：再圈出只有一种可能圈法的最小项。
- 第三步：然后以尽可能大的圈覆盖剩下的全部最小项。

需要说明的是，画圈顺序中的前两步并不是在每一道题中均会出现的，若经过考察某题没有孤立最小项，则跳过该步骤直接进行下一步，同理第二步也如此。

5)卡诺图法的使用步骤

卡诺图化简由填图、画圈和读圈三步构成，具体如下：

步骤

- ①填图
  - 由函数式→卡诺图
  - 由真值表→卡诺图
  - 由最小项编号→卡诺图
- ②画圈：按顺序找出 2^i 个满足循环相邻的小方格所构成的矩形(难点：有技巧)。
- ③读圈：根据“消变保静”的规律写出各个圈对应的乘积项(要求：不余不漏)。

6)卡诺图化简法举例

(1)“能大则大”。

【例 6.14】　化简 $F(A, B, C, D) = \sum m(0, 1, 3, 4, 5, 7)$。

解　根据最小项填出卡诺图，如图 6.11 所示。接下来重点是根据先小后大的画圈顺序，第一步找孤立最小项，没有。第二步找只有一种可能性的圈法，然而本题卡诺图中每一个“1”都至少有两个“1”与之相邻，因而也没有。直接进入第三步，以尽可能大的圈覆盖剩下的全部最小项，根据圈的数量必须是 2^i 个的要求，对于 4 变量卡诺图而言尽可能大的圈从大到小排列分别是 2^4、2^3、2^2、2^1、2^0。根据本题具体情况最大有包含 4 个“1”的圈，如图 6.11 所示。

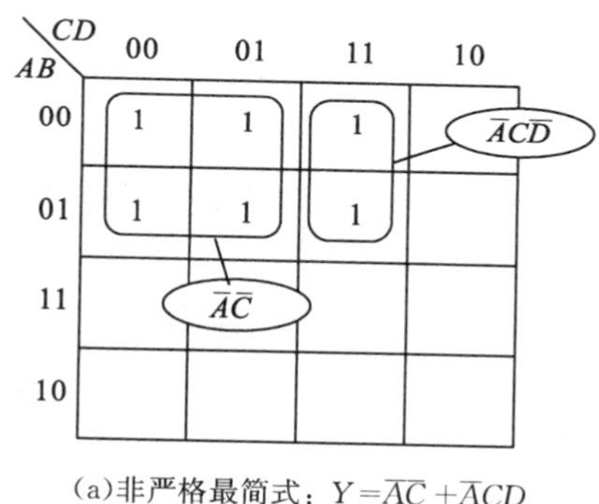

(a)非严格最简式：$Y=\overline{A}\overline{C}+\overline{A}CD$

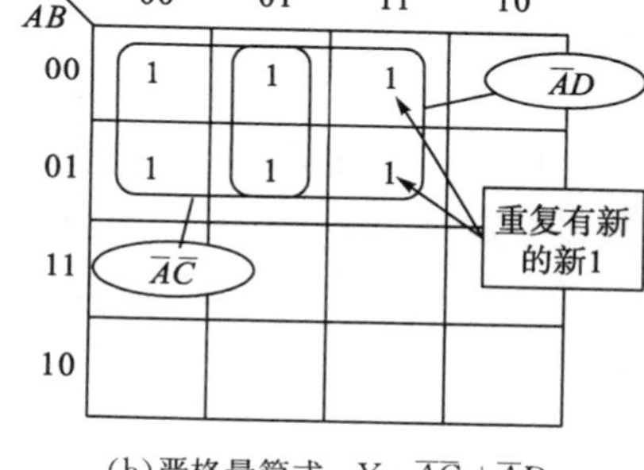

(b)严格最简式：$Y=\overline{A}\overline{C}+\overline{A}D$

图 6.11　“能大则大”的方案

此题对最后两个“1”的处理最为关键。初学者往往不敢将圈画大，如图 6.11(a)只画出包含两个“1”的小圈，但显而易见比图 6.11(b)的结果要复杂。可见，为使表达式最简，在圈矩形带时，小格可以公用，互相覆盖，在保证“重复有新”的前提下圈应该“能大则大”。

(2)“能少则少”。

【例 6.15】　化简函数式 $Y=A\overline{C}+\overline{A}C+B\overline{C}+\overline{B}C$。

解　根据本题具体情况构建出 3 变量的卡诺图，如图 6.12 所示。依然根据画圈顺序，第一步找孤立最小项，没有。第二步找只有一种可能性的圈法，本题卡诺图中每一个“1”都至少有两个“1”与之相邻，因而也没有。直接进入第三步，以尽可能大的圈覆盖剩下的全部最小项，根据圈的数量必须是 2^i 个的要求，对于 3 变量卡诺图而言尽可能大的圈从大到小排列分别是 2^3、2^2、2^1、2^0。根据本题具体情况画圈如图 6.12 所示。

方案 1：$Y=A\overline{B}+\overline{A}C+B\overline{C}$。

方案 2：$Y=A\overline{C}+\overline{B}C+\overline{A}B$。

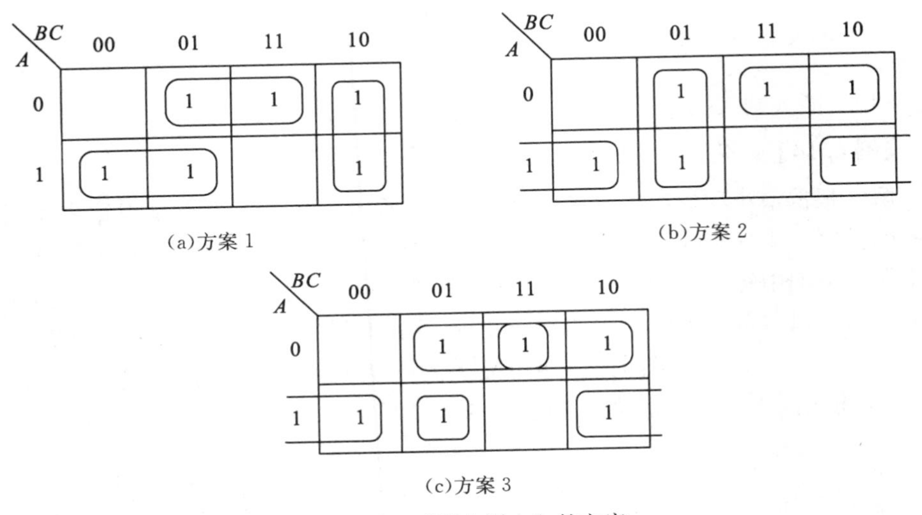

图 6.12 “能少则少”的方案

对比以上两种方案的化简结果可见，两个化简结果的与项个数相同，每个与项的变量个数也相等，故它们同为最简表达式。此例说明逻辑函数的卡诺图是唯一的，但其最简表达式不是唯一的。此外，方案 3 不满足“能少则少”的规律，其结果不是最简式，是错误的圈法。

(3)“重复有新”。

【例 6.16】 化简 $F(A, B, C, D)=\sum m(1, 4, 5, 6, 8, 12, 13, 15)$。

解 首先进行填图，如图 6.13 所示，其次进行画圈。第一步找孤立最小项，没有。第二步找只有一种可能圈法的最小项，有 4 个，分别是 m_1、m_6、m_8 和 m_{15}，因而可画出 4 个包含两个“1”的圈。最后画尽可能大的圈，显而易见有 4 个“1”相邻可画圈。最后读圈得到如下表达式：

$$F=\overline{A}B\overline{D}+\overline{A}\overline{C}D+A\overline{C}\overline{D}+ABD+B\overline{C}$$

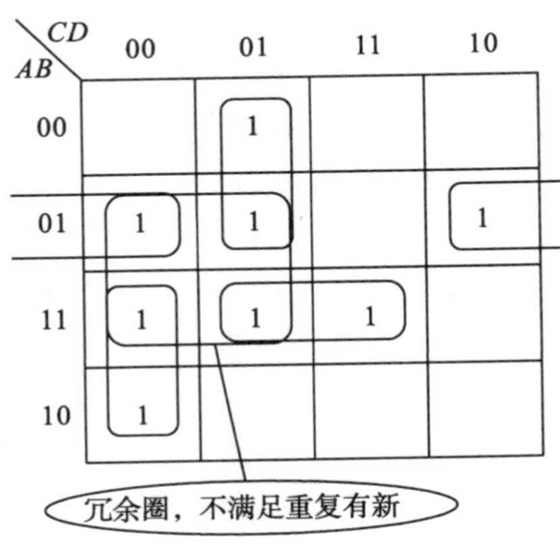

图 6.13 “重复有新”的方案

本题需要特别讨论的是，最后一个最大的圈合理吗？最小项可重复圈的数学依据是，卡诺图画圈合并的过程的实质就是最小项逻辑相加的过程，由配项法公式 $A=A+A$ 可知，重复圈最小项就是在使用该配项公式。但须特别强调的是，重复圈最小项是有要求的，每个圈必须得有自己的新“1”，否则就成了冗余圈。从数学上来看冗余圈，本题最大圈的结果是 $B\overline{C}$，对函数 F 而言，只有当冗余项 $B\overline{C}$ 值为 1 时才有意义，即 $B=1$，$\overline{C}=0$。然而将此条件代入函数 F 发现此时已经有恒等式 $F=\overline{A}\overline{D}+\overline{A}D+A\overline{D}+AD=1$，可见冗余项对改变 F 的值没有任何贡献，因此是多余的。

7)卡诺图化简法的总结

教师活动：口诀化，强化学生记忆，增强学生的表达能力。

卡诺图化简口诀：

填图对编号
画圈按技巧
无关巧处理
读圈不遗漏
最简不唯一

8)科研延伸

(1)基于内容的延伸：近年来，人们对卡诺图进行了多方面的研究和拓展，包括卡诺图镜像画圈法、最小项使用的重复次数识别技巧、填图技巧、卡诺图降维简化法、卡诺图的计算机辅助实现等方法。卡诺图画圈的步骤还没有系统化和统一化，不同的教师和科研工作者基于自己的认知提出了一些不同的思路，学生可以调研相关资料，对卡诺图画圈方法进行综述研究，这是一种科研的延续和引导，鼓励学有余力的学生，在教学处理上可作为课外作业和平时成绩计入综合考评。例如，将单输出逻辑函数的卡诺图化简延伸至多输出函数的化简，其最简标准应该如何定义呢？

【例 6.17】 对多输出组合逻辑函数 $\begin{cases} F_1=\sum(1,3,4,5,7) \\ F_2=\sum(3,4,7) \end{cases}$ 进行整体化简。

解 根据教材提供的单输出函数化简的标准和方法，F_1 和 F_2 各自的卡诺图和各自的化简结果如图 6.14 所示。

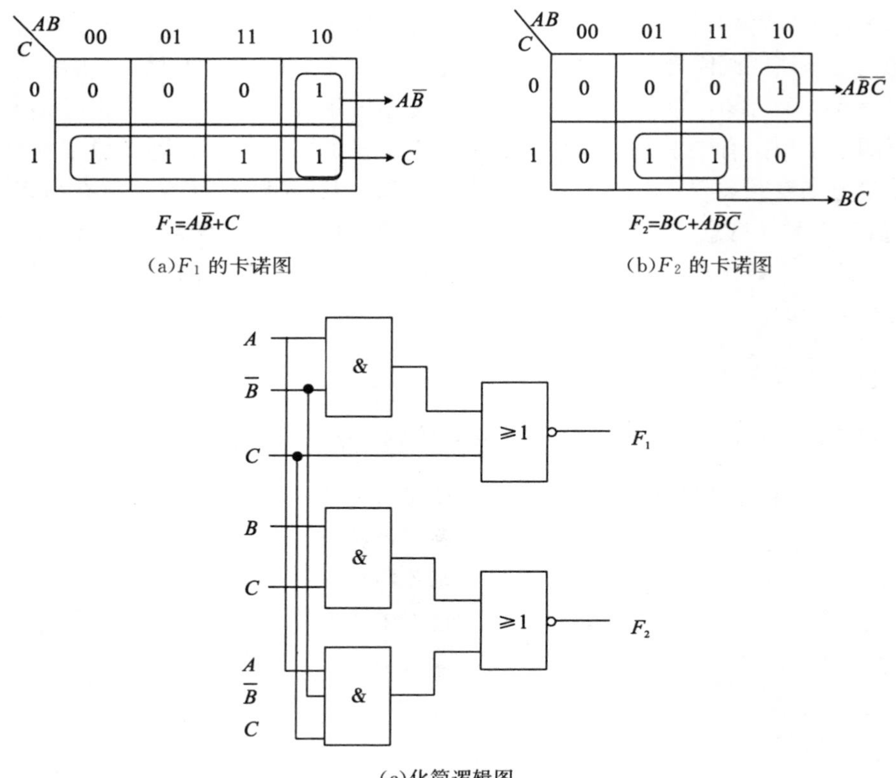

(a)F_1 的卡诺图

(b)F_2 的卡诺图

(c)化简逻辑图

图 6.14 多输出函数的独立化简法

若将两个输出函数视为一个整体，则局部最优服从整体最优，化简的标准可相应地修正为“器件复用、整体最优”的原则，其化简过程如图 6.15 所示。先观察 F_2，其最小项 m_2 已不能化简，其表达式必然存在 m_2 项。再观察 F_1，虽然其 m_2 项是可以化简的，但整体来看，F_1 已实现了 m_2 项，F_2 中的 m_2 将不再是一个新的电路，因而也不会增加新的成本，这就是器件复用。相比独立化简的方案，整体化简的方法得到的电路无论器件的数量、类型还是连线均更加简单，如图 6.15 所示。

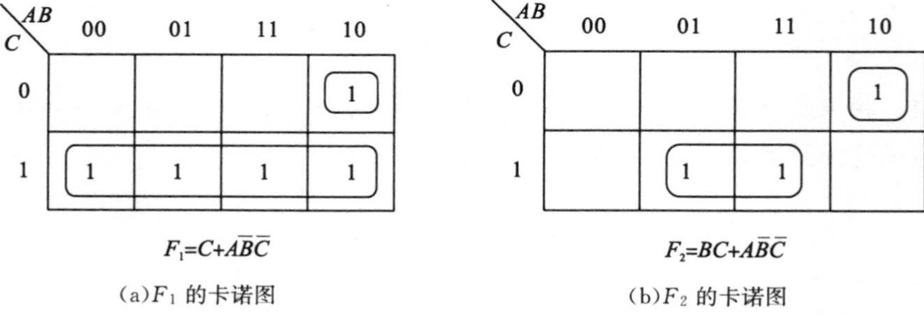

(a)F_1 的卡诺图

(b)F_2 的卡诺图

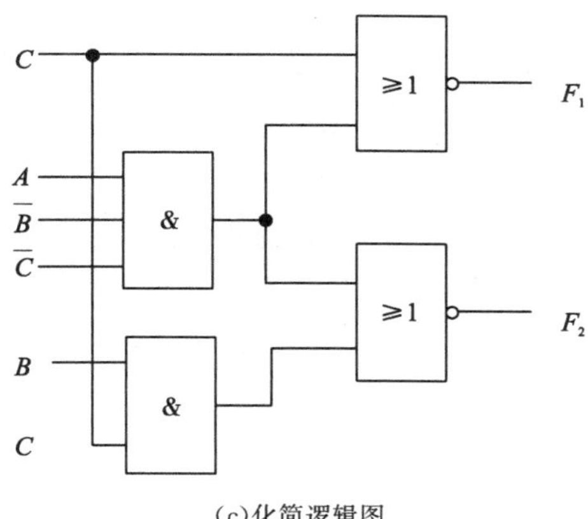

(c)化简逻辑图

图 6.15　多输出函数的整体化简法

(2)基于概念的延伸：根据反演规则和对偶规则定义，提出反演卡诺图和对偶卡诺图的概念，进而利用反演卡诺图和对偶卡诺图将逻辑函数“或与”表达式转换成“与或”表达式，可用于“或非”门实现的电路分析和化简。详见相关参考资料。

(3)基于应用的延伸：卡诺图作为一种表达方式，其不仅仅是一种化简方法，关于卡诺图应用学生可以查阅相关文献，至少包括如下几个方面。

①用于证明两个函数是否相等。

②用于求反函数。

③利用卡诺图求逻辑函数的真值表。

④利用卡诺图求逻辑函数的最小项表达式。

⑤利用卡诺图实现逻辑函数在各种表达式之间的相互转换。

⑥利用卡诺图实现两个逻辑函数之间的各种运算。

⑦利用卡诺图判断和消除逻辑电路的竞争冒险。

(4)基于学科交叉的延伸：如与计算机编程等相关学科交叉应用。

【教学案例 6-6】　项目驱动教学法，基于学科跨界的科研探究

学情分析：大部分高校的大二学生已经开设了 C 语言等编程课程，因而可以及时而又具体地把 C 语言引入本课程的教学过程中，使学生不仅深入理解掌握数字电子技术的内容，而且提高 C 语言的应用水平，这种跨界研究与应用能极大激发学生的兴趣及成就感。

教学内容分析：用卡诺图化简逻辑函数是最有效、最直观的方法，但卡诺图化简较适合于 3～5 个变量的逻辑函数，当变量过多时，卡诺图很庞大，且直观性变差，人工化简就不方便了。利用计算机编程实现自动化简，可解决这个问题。

【微评】 学科的跨界应用体现了本课程的工程思维及工程能力。

卡诺图实际上也是一种数据结构，可以看成C语言的一个数组，因此通过编程进行化简是可行的。另外，由于卡诺图是一种二维图形，编程时可以采用数字图像处理中的模板匹配算法。经过这种学科跨界的编程实践，学生可充分理解卡诺图化简的实质，且在技能上学会了卡诺图中的逻辑相邻性在C语言数组中的处理方法，以及从二进制码到循环码的转换方法。将卡诺图化简的规则算法化，是一种计算思维的训练，切实实现了向学生进行科研思维及工程意识的渗透和培养，很好地达成了课程的能力目标。

（改编自文献[5]：数字电子技术教学中教学方法的探讨　张磊）

第 7 章　组合逻辑设计方法的教学研究与案例

7.1　知识矩阵与教学目标

本章以组合逻辑设计的方法论、模型、步骤等几个关键知识点为载体，挖掘该知识点所能承载的思维要素具体内容，进而案例化展示如何通过特定教学手法达成建构学生思维要素的教学目标，如表 7.1 所示。

表 7.1　用于思维方式建构的组合设计教学知识点

知识模块	知识点	知识类型	学生思维要素建构				教学法
			观念	情感	语言	方法	
组合逻辑设计方法	组合设计方法论模型	概念性	方法论、技术观	模型的认知之美	思维转换、方法论、认知模型、翻译等	计算思维、符号思维	启发式、探究式教学法
	组合设计的步骤	程序性	价值观	创新体验	功能、行为、信号等	归纳法	案例教学法
	技术设计的评价模型	设计性	大工程观、伦理道德观	作品欣赏、技术评价	评价、人文、价值等	模型法、指标法	案例、翻转式教学法

7.2　重难点分析及讲授方法建议

本节知识点是课程的重点，也是课程第一次“让技术产生价值”的设计性知识和技能。一般教材的处理方式是直接罗列设计步骤，然后适当举例加以说明就结束了。从学生心态来说，学完逻辑代数后急于上手设计，因此在教学内容和教学顺序上先讲一个简单的案例是可取的。但是，需要特别强调的是，如果教师在课堂上对组合设计的思想、模型不加以挖掘和升华，由学生根据教材的参考步骤自行探究设计思路和经验是不可取的，不仅丧失了教师对知识建构的引领和升华作用，而且学生从经验到知识再到思维的认知上升效率极低，技能层次达不到本科毕业的要求，表现在学生考研活动中难以应付各种新情境题型和综合性题目。因此，本书建议教师在处理该知识点时，要讲清几个问题：

组合设计是一种什么性质的事情？在设计模型上人处于什么角色？组合设计与模拟电路的设计有什么根本的不同？它有什么认识论上的意义？一般技术设计包含哪些要素(如结构设计、流程设计、系统设计、控制设计等)？以上问题的讨论和回答不仅对课程后续的设计知识具有铺垫和指导意义，对增强和拔高学生的认知水平和思维结构也具有重要启发价值。莱文森认为，技术是人的思想的体现，技术的本质就是物质世界和思想世界的结合。由于每一种技术都是思想的物质体现，所以一切技术都是人的理念的外化，在外化中并通过外化人们可以读到技术所体现的思想。

技术设计作为人类文明的一个组成部分，蕴涵着一定的科学性和丰富的人文性，除提高技术技能外，也能提高学生的审美能力。技术类设计类知识的教学建议采用启发式、探究式、案例以及翻转式教学，通过工程实例，让学生理解技术是人的能动性和创造性的表现。须强调的是，不论教师用什么样的设计案例，都要挖掘蕴涵在案例中的具有人文引领作用的技术观(技术既以人为动力，也以人为目的)。教师在介绍重要设计技术及电路器件时，除介绍功能和技术参数外，更重要的是要点明为什么会产生这样的设计技术及其器件，这种技术观的渗透和贯彻是设计性技术课堂的教学切入点和线索。

7.3 教学设计样例及点评

7.3.1 组合设计方法论模型的教学建议

课堂模式：探究式、启发式教学。

教学目标如下。

(1)方法：计算思维方法、符号思维方法。

(2)观念：方法论模型，技术哲学观。

(3)语言：思维转换、方法论、认知模型、翻译等。

(4)情感：模型的认知之美。

教学过程如下。

1)设置情景、引出教学目标

生活场景：文字或口头语言描述。大家对时下电视台如火如荼的选秀节目并不陌生，尽管选手不断变换且才艺百出，但最扣人心弦的看点之一是什么呢？对，是让人纠结、让人兴奋也让人遗憾的表决环节。下面就以表决电路的设计开启组合设计之旅。

多媒体临场感：通过媒体及信息技术手段，配合展示相关表决场景的图片、动画或视频，将学生的思绪带入到对表决需求的主动思索。

任务呈现：中国达人秀设置三位评委，各控制 A、B、C 三个按键中一个，请为组委设计一个自动表决电路，要求以少数服从多数的原则表决选手是否获得晋级。若选手晋级，相应发光二极管点亮，否则不亮。

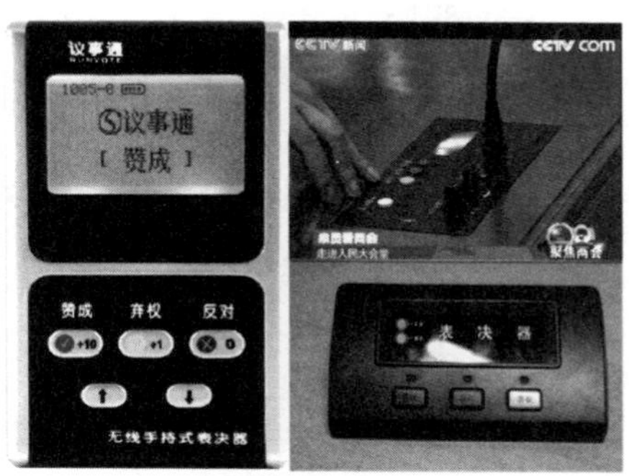

图 7.1 表决器应用场景

提出问题：如何设计？用传统方法如模拟电路的设计可以实现所需功能吗？表决问题在性质上是物理的还是逻辑的呢？计算机如何能理解并执行“少数服从多数”呢？伴随这些问题的提出，提前让学生明确本课堂的教学目标：让学生在大学基础阶段从思维方式上完成由物理世界到计算机世界的转换，如图 7.2 所示。

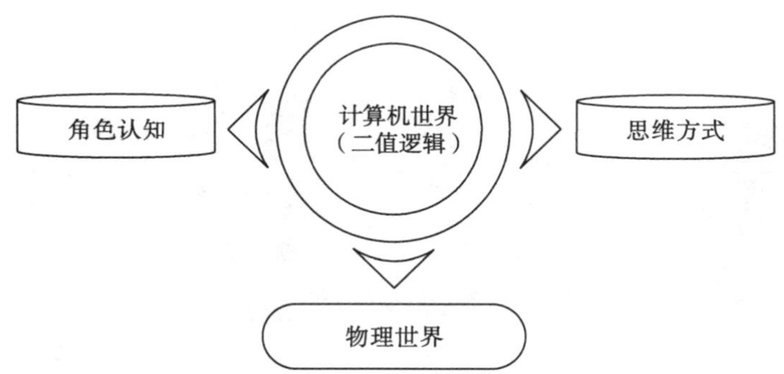

图 7.2 物理世界与计算机世界的认知模型

2）问题导向、引发思考

什么是少数服从多数？需求说清楚了吗？有歧义和言外之意吗？电路或计算机能理解并执行吗？

3）学生小组讨论

学生自由讨论时间约为 5 分钟。

4)教师启发：核心问题

计算机如何看待这个物理世界？日常生活情境及其设计需求描述中蕴涵了大量隐性知识或常识，如何将这些知识或常识告知计算机并转化为计算机的行为规则是作为数字电路工程师的核心职能。

5)教师引导

怎么才能做到两类世界的科学转换呢？要过好“三关”。教师可以将“三”比画为一个 OK 的手势，暗示“三关”后可以达成的效果。“三关”分别是模型关、角色关和技术关，具体含义如下。

(1)模型关。

数字电路的设计是将源于物理世界的设计需求，以数字 0、1 为载体进行表达进而进入计算机世界，通过逻辑电路的处理回到物理世界进而产生使用价值。其设计场景如图 7.3 所示。

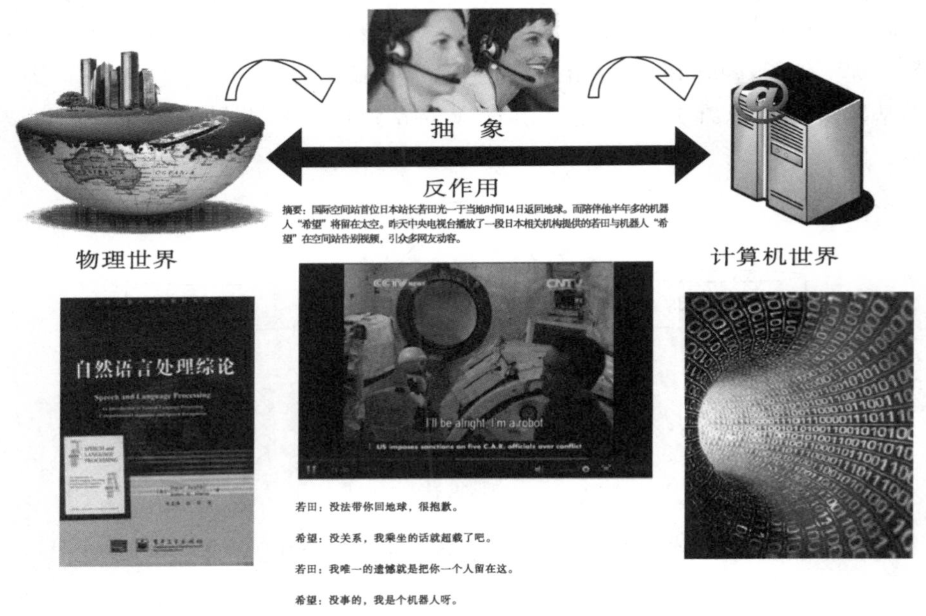

图 7.3　物理世界与计算机世界的转换场景

教师活动：在该设计场景中数字电路工程师是一种什么身份、处于什么地位呢？该设计场景对数字电路工程师提出了什么要求呢？基于此建立逻辑设计的方法论模型，在思维方式、技术手段上完成由物理世界到计算机世界的转换，如图 7.4 所示。教师可在黑板上对“三关”进行板书，便于课堂末尾进行回顾总结。

物理世界是一个元素无穷大的集合，而计算机世界只有两个元素。基于学生当前的认知水平，须回答两个问题，将物理量实际值的无穷集映射为两个子集，对应于两个可能的数或逻辑值 0 和 1，这可能吗？容易吗？

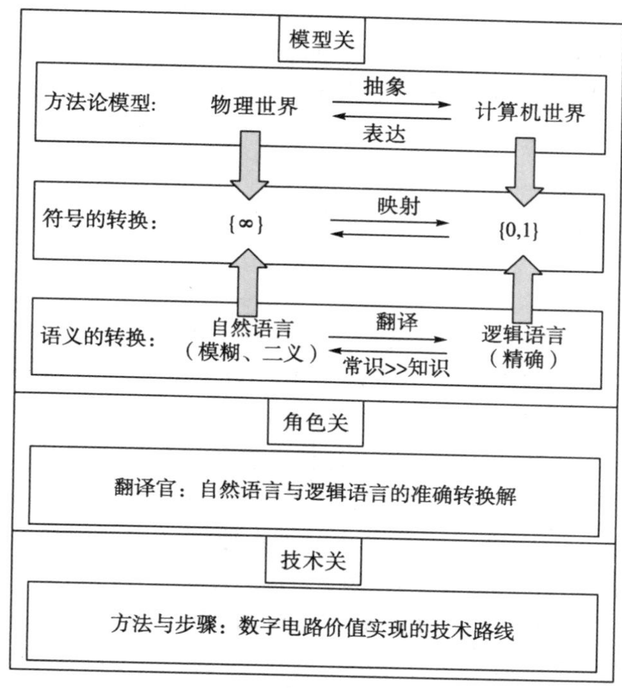

图 7.4　“三关”方法论模型

a)可能吗？

在方法层次，将无穷大的集合用 0、1 两个元素表达，可能吗？0、1 的表达能力够用吗？在计算机 alfago 打败人类的语境下，与学生一道探讨这样的话题有着特别的意义。教师可从人工智能的角度引申发散，本案例给出了一个具体的语言智能的例子，日本宇航员若田与机器人“希望”的对话，将细腻的情感过程表达得催人泪下：

若田：没法带你回地球，很抱歉。

希望：没关系，我乘坐的话就超载了吧。

若田：我唯一的遗憾是把你一个人留在这。

希望：没事的，我是个机器人啊。

“希望”有情感吗？“希望”是怎么做到的呢？是 0 和 1。可见，0 和 1 可以表达这个客观世界，甚至是情感过程。

b)容易吗？

在途径层次，逻辑电路的设计是电路综合的超集，人们使用自然语言作为工具来描述这个物理世界并表达思想，也就是说，实际的设计需求通常是非形式化描述(文字或语言)，而计算机则使用形式化的逻辑语言，因此，设计活动中最具挑战性和开创性的部分就是如何将非形式化的描述形式化。尽管教师刚才给大家展示了0、1强大的表达能力及其人工智能的美好前景，但现实是现实的，无法回避两类主体分别采用自然语言和逻辑语言作为两种截然不同的语言体系而产生的矛盾，自然语言是模糊的、有二义性的，而逻辑语言是精确的，人类使用自然语言进行交流(对于本课程而言就是关于需求的描述和理解)的过程中包含大量隐性知识和常识，根据人工智能科学家的认识，常识的状态空间远远大于知识本身，而这正是人工智能当前面临的一大难以逾越的困境，也因此赋予了我们作为数字电路工程师的第一重身份——翻译官。

(2)角色关。

逻辑设计的起点是什么呢？我们生活在一个模拟世界而非数字世界，现实生活中的东西很少是完全基于二进制数的，数字电路工程师必须在逻辑语言0、1与物理世界中的数据、事件、信息、条件等事物之间建立某种对应关系。因此，翻译是组合逻辑设计的起点，是整个设计环节中最重要也是最困难的一步。在自然语言机器处理困难的背景下，我们作为数字电路工程师的第一个角色就是当好“翻译官”。造成翻译困难的根本原因是自然语言在文本及对话等各个层次上存在广泛的、多种多样的歧义性或多义性(ambiguity)。功能需求往往是用自然语言描述的，自然语言固有的模糊性和二义性不仅难以形式化翻译成逻辑语言，甚至难以为人类自身所理解。下面给出几个趣味性的命题，据说是困扰外国人的翻译题，让大家体会体会，请比较说出两句话意思上的区别。

①冬天：能穿多少穿多少。夏天：能穿多少穿多少。

② 剩女产生的原因有两个：一是谁都看不上；二是谁都看不上。

③ 单身人的来由：原来是喜欢一个人，现在是喜欢一个人。

【微评】 引入时事新闻或网络语言，很容易被学生接受。

可见，这种语言的巨大差异使得翻译工作十分具有挑战性，作为翻译官将自然语言准确翻译成供计算机理解的逻辑语言，尤其是要注意把握常识等隐性知识，具体一点可以简化理解为无关项的识别和挖掘。本例中“少数服从多数”即自然语言，学生似乎都认为自己当然理解是什么意思，并进一步给出理由我们平常这样相互交流也没有出现什么问题。的确，人与人之间的交流受到了长期以来形成的文化、习俗、习惯等因素的认知支配，已经自动、隐含式地界定了概念在不同场合的含义，即通常所说的常识。但从计算机的角度什么是“少数服从多数”说清楚了吗？能够翻译准确吗？其实不然，使用0和1来描述“少数服从多数”并让计算机得到理解和执行，必须明确：选手能不能弃权？选手权值是否平等？可见，要过好“角色关”，只有善于挖掘并翻译出命题包含的隐性知识，这样的翻译才是准确的、完备的，这样的“翻译官”才是合格的。

体会作为翻译官的快乐与痛苦，教师可在理论层次对学生加以适当点拨，这也是当今人工智能的热点之一——计算语言学及机器翻译领域，可以启发学生思维甚至引导学生完成研究兴趣和研究方向的确立。限于本书的性质和篇幅，更详细的语言学探讨可推荐学生参考相关论文[6,7]，这里仅对理论研究的成果及结论作一简要的综述归纳。

①逻辑语言是一种人工语言：从普遍意义上讲，0 和 1 是一种人工符号，而人工语言是指人造的各种符号系统，包括数理语言和各种计算机语言，但不包括世界语这种接近自然语言的人工语言和密码语言这种自然语言的转化形式。

②自然语言同人工语言存在多维度的差别。

(a)自然语言是开放的，人工语言是封闭的。

(b)在自然语言中，由于每个人的生活经历、文化习俗不同，对某种语言现象的理解不尽相同。而人工语言每个符号只代表一种固定的含义，因此，自然语言中存在语言和言语的差别，而人工语言则没有这种差别。

(c)自然语言中除科技术语(接近人工语言)外，很多词都有多个义项。人工语言的特点则是每个符号都是单义的。

(d)自然语言带有歧义性，虽然通过上下文可以在一定程度加以消除。而人工语言设计的目的之一就是消除歧义性。

(e)自然语言中许多内容已包含在话语的预设之中，不言而喻，如“你妈妈好了吗?”的前提是已知对方有妈妈且妈妈病了。这些预设无须用语言表达出来，但是同计算机进行交互的人工语言必须交代全部预设，否则可能引起信息失真甚至误解。

(f)语言与认知：认知能力是智力活动的最高能力，是心智(mind)和智能(intelligence)的现实反映。语言作为人类智力活动的载体和工具，是人类思维结构的重要组成部分。语言不仅仅是一套一般性的工具形式系统，而是在语言行为系统的深层还存在语言能力系统。当前，计算机理解和识别自然语言的进程中，人工智能技术在自然语言处理中存在机械模仿和理解模仿两种思路。根据认知科学的观点，思维和认知是知识的逻辑运算，任何计算化的自然语言分析都主要依赖逻辑语言对这种分析的表述。逻辑语言的高度精确性与自然语言普遍的模糊性、较低的精确性以及较高的直觉判断性，在语言、语义及语用方面是否能够达到真正的统一，这仍然是计算语言学中最大的难题。

基于上面①和②的综述分析，下面就以三人表决功能的设计为例去具体体会一下作为翻译官的快乐与痛苦。

(3)技术关。

完成角色转换后，接下来进行技术实现。根据布尔代数理论知识，在技术路线上需要完成多种表达方式上的相互转换，其具体流程如图 7.5～图 7.13 所示。

环节1：“需求分析—翻译”

计算机怎么看少数服从多数?

评委			选手
A	B	C	Y
×	×	×	☹
×	×	√	☹
×	√	×	☹
×	√	√	✌
√	×	×	☹
√	×	√	✌
√	√	×	✌
√	√	√	✌

翻译官

自然语言！！

言外之意！！

可否弃权？？

翻译

图 7.5 需求翻译

环节2：“行为分解—抽象”

输入			输出
A	B	C	Y
0	0	0	0
0	0	1	0
0	1	0	0
0	1	1	1
1	0	0	0
1	0	1	1
1	1	0	1
1	1	1	1

评委			选手
A	B	C	Y
×	×	×	☹
×	×	√	☹
×	√	×	☹
×	√	√	✌
√	×	×	☹
√	×	√	✌
√	√	×	✌
√	√	√	✌

输入：同意用1表示，不同意用0表示

输出：过关用1表示，没过关用0表示

抽象

图 7.6 需求功能的行为分解

环节3：“因果映射—真值表”

物理世界

输入			输出
A	*B*	*C*	
0	0	0	
0	0	1	
0	1	0	0
0	1	1	1
1	0	0	0
1	0	1	1
1	1	0	1
1	1	1	1

01世界

评委			选手
	B	*C*	*Y*
	×	×	☹
	×	√	☹
×	√	×	☹
×	√	√	✌
√	×	×	☹
√	×	√	✌
√	√	×	✌
√	√	√	✌

真值表

输入：同意用1表示，不同意用0表示

输出：过关用1表示，没过关用0表示

图 7.7　真值表

环节4：“表达式化简与变形”

<u>化简：工程思维、成本意识</u>

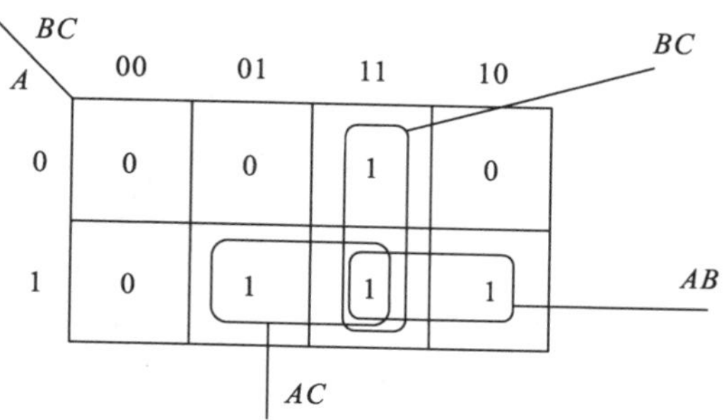

化简

与或式：$Y=AB+BC+CA$

图 7.8　卡诺图化简

环节5："表达式化简与变形"

<u>化简：工程思维、成本意识</u>

与或式：$Y=AB+BC+CA$

<u>变形：器件约束、解决问题</u>

变形

与非式：$Y=AB+BC+CA$

$=\overline{\overline{AB+BC+CA}}$

$=\overline{\overline{AB}\,\overline{BC}\,\overline{CA}}$

图 7.9 表达式变形

环节6："逻辑图"

$Y=\boxed{AB}\oplus\boxed{BC}\oplus\boxed{AC}$

画出对应表达式的逻辑图

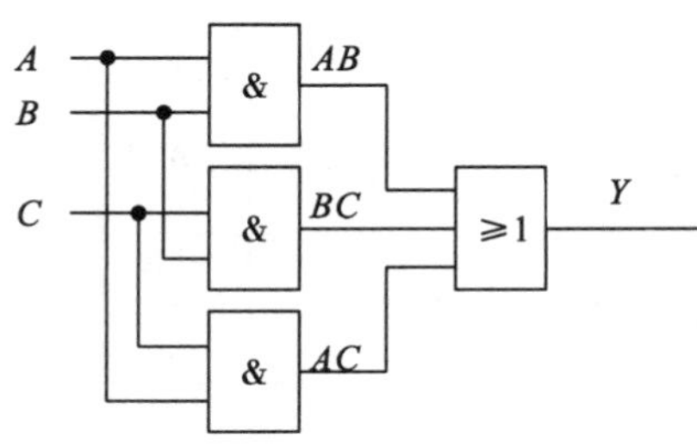

表达式的多样性决定了逻辑图不唯一

图 7.10 逻辑图

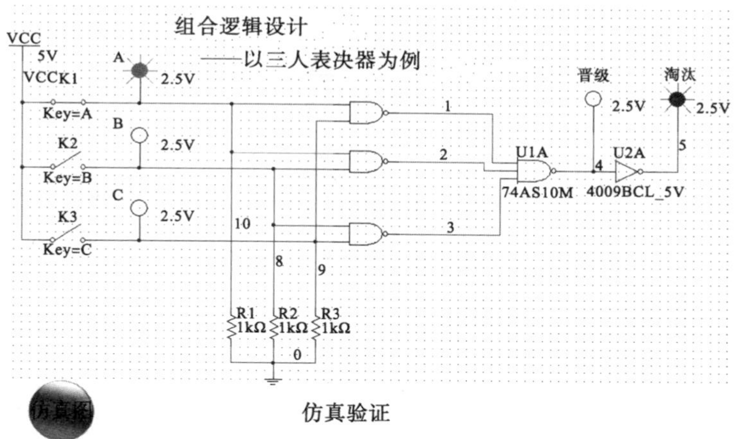

图 7.11　软件仿真验证

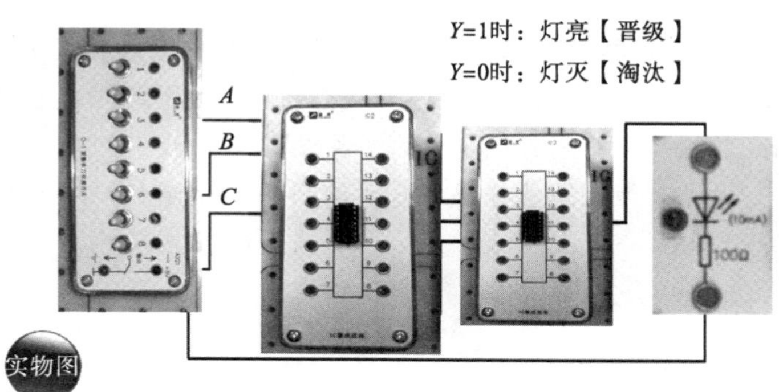

图 7.12　实物电路测试

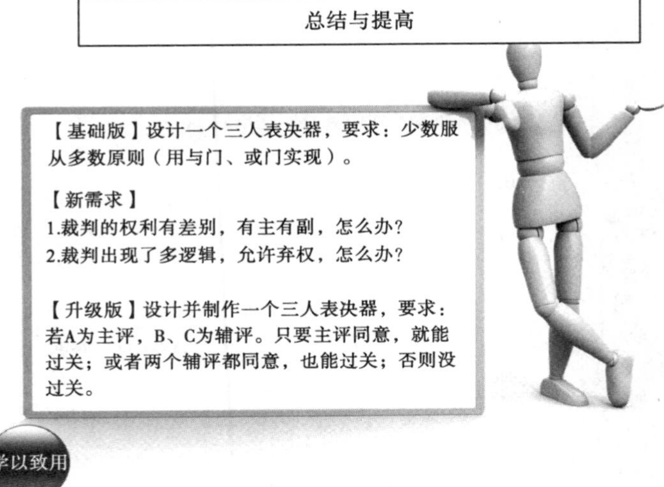

图 7.13 总结与提高

6)教师寄语(人文与情感熏陶)

求知路上闯“三关”

人生“晋级”圆梦想

本节提出的“三关”模型具有普遍意义，也适用于其他学科甚至其他认知领域。广义而言，学生在做事之前先要弄清事情的性质即模型，在模型中形成自己的角色意识并完成角色转换，根据事情的领域知识和技能需求选择自己的技术路线，进而完成自我价值的实现。希望学生领悟到“三关”的思想精髓，祝愿大家在学业上早日“过关”，顺利实现人生的“晋级”!

【微评】 通过教师的总结寄语，基于学科而高于学科，给学生以人生的启迪，回归教育的本质。

7)深度探究、继续前进

生活中及设计需求中存在大量隐性知识和常识，如何准确翻译出这些隐性知识和常识是逻辑设计中的最大挑战，下面再举几个难度稍大点的案例，请学生认真体会隐形需求是如何挖掘和翻译的。

【例 7.1】 供水装置如图 7.14 所示，由大、小两台水泵 M_L 和 M_S 向一水箱供水，水箱中设置了 3 个水位传感器 A、B、C。水面低于传感器时，传感器输出高电平；水面高于传感器时，传感器输出低电平。现要求当水位超过 C 点时水泵全部停止工作；水位低于 C 点而高于 B 点时 M_S 单独工作；水位低于 B

点而高于 A 点时 M_L 单独工作；水位低于 A 点时 M_L 和 M_S 同时工作。请用门电路设计一个控制两台水泵的逻辑电路，要求电路尽量简单，并给出设计过程。

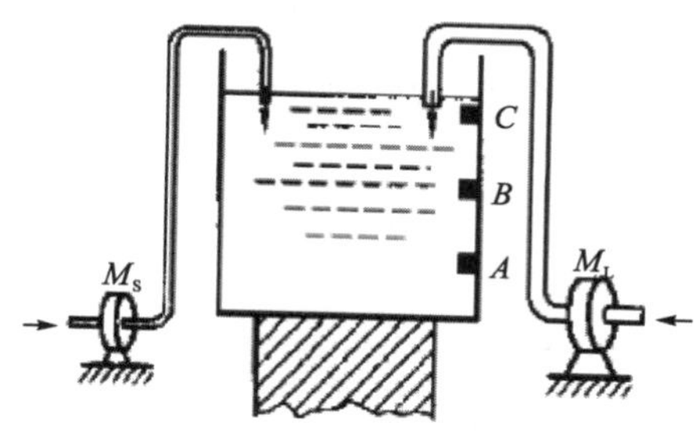

图 7.14　供水装置

解　M_S、M_L 分别代表大、小两个水泵，M_L 或 M_S 为 1 时表示水泵工作，为 0 时表示水泵停止工作。同时，以 0 表示检测元件输出的低电平，1 表示检测元件输出的高电平。由于不可能出现水位高于 C 而低于 B 或 A，也不会出现水位高于 B 而低于 A，这些物理上的常识题中并未显式地表达，需要设计者自行探究和挖掘，在实践中也不大可能由需求下达方明确提供和告知，需设计人员主动与需求方沟通，进行风险警示以及需求确认。根据以上分析，ABC 的取值不可能出现 010、100、101、110，应将 $\bar{A}B\bar{C}$、$A\bar{B}\bar{C}$、$A\bar{B}C$ 和 $AB\bar{C}$ 作为约束项处理。

表 7.2　例 7.1 的真值表

A	B	C	M_S	M_L
0	0	0	0	0
0	0	1	1	0
0	1	0	×	×
0	1	1	0	1
1	0	0	×	×
1	0	1	×	×
1	1	0	×	×
1	1	1	1	1

【例 7.2】　设计用 3 个开关控制一个电灯的逻辑电路，要求改变任何一个开关的状态都能控制电灯由亮变灭或者由灭变亮。要求用数据选择器来实现。

解　此题在一些参考书上有解答，其思路和过程是，用 A、B、C 表示三个开关，用 0 和 1 分别表示开关的两个状态。用 Y 表示灯的状态，1 表示亮而 0 表示灭。设 $ABC=000$ 时 $Y=0$，接下来 ABC 的每种组合与 000 进行比较，变化奇数次开关灯状态改变，变化偶数次开关灯状态还原为初始状态，据此列出 Y 与 A、B、C 之间逻辑关系的真值表，如表 7.3 所示。

表 7.3 例 7.2 的真值表(1)

A	B	C	Y
0	0	0	0
0	0	1	1
0	1	0	1
0	1	1	0
1	0	0	1
1	0	1	0
1	1	0	0
1	1	1	1

仔细考察以上翻译过程及其真值表，可以发现，$ABC=000$ 时 $Y=0$ 是不完全符合题意的，另外，三个开关的状态变化并不是都以初始的 000 为参照系的，开关状态的变化是迭代式的，是相对于上一时刻的开关状态，可见真值表 7.3 的翻译并没有忠实于题意，是失真的。

本题最具挑战性的是“改变任何一个开关”怎么翻译？另外，“电灯由亮到灭或者由灭到亮”并没有规定灯状态的改变方式，如果翻译时人为作一些假设，则没有忠实于原文，这是违反翻译原则的。如前面提到的一些参考书设 $Y=0$ 表示灭，$Y=1$ 表示亮就不太妥当。此外，真值表如果采用自然编码则出现 2 个及 2 个以上的开关同时改变，这更是题意中没有规定的。为此，作者认为最佳的方案是根据“改变任何一个开关”的动作特点，相邻两次开关动作只改变一个开关，这与循环码、格雷码的特点恰好吻合，因此应对真值表采用循环码进行排列，设 $Y=0$ 为灯的初始状态，而 $Y=1$ 则表示与初始状态相对立的状态，至于初始状态是什么没有规定也无须规定，与原题叙述手法一致。忠实原文法翻译得到的无失真真值表如表 7.4 所示。

表 7.4 例 7.2 的真值表(2)

A	B	C	Y
0	0	0	0
0	0	1	1
0	1	1	0
0	1	0	1
1	1	0	0
1	1	1	1
1	0	1	0
1	0	0	1

7.3.2 组合设计原理和步骤的教学建议

课堂模式：案例教学。

教学目标如下。

(1)方法：归纳方法。

(2)观念：工程意识，技术哲学观。

(3)语言：功能、行为、信号、变量等。

(4)情感：创新体验。

教学内容分析：根据三人表决电路的设计案例，本节需要采用归纳法对设计过程和设计环节进行模型化以便进一步讨论。设计是一种抽象的思维活动，正如前面所说，绝大部分教材对该部分的处理是极其简单的，并且没有从模型的高度对技术设计的本质、要素和流程进行认识，更没有进行必要的人文精神渗透，作为设计性知识学生学完后没有形成改造世界的意识，对所学知识没有成就感和价值感。因此，有别于国内外教材的提法，本案例特别对组合设计的步骤进行了完整建模，对还存在争议或未形成系统方法还有进一步研究空间的设计环节按照科研思维与学生进行探究互动，这里尤其要注意提示学生辩证看待教师讲授立场和教材之间的关系，这也是本书开篇要对国内外教材比较研究的原因之一。

教学过程如下。

1)设置情景、迭代前进

从三人表决电路的设计，学生对采用逻辑语言 0 和 1 进行设计的方法有了初步的认识，组合设计是一种什么性质的设计？实际设计中包含了哪些具体的环节？除了功能本身外还有哪些工程性的评价指标需要考虑？如何看待自己或他人的设计作品？

2)系统建模、过程分解

组合设计由 8 个环节组成，每个环节加工的载体及目标是层层递进、环环相扣的关系，如图 7.15 所示。

逻辑设计的起点往往是功能需求的非形式描述，如文字、图表等。首先要对逻辑功能的文字描述进行分析，判断是完全描述还是非完全描述，这种功能描述可以很具体也可能只是一个想法，此阶段的功能描述可能是模糊的，甚至是矛盾的。因此，必须将功能分解为可以清晰定义的基本行为及其组合，为了观察、表达和控制这些行为需要相应数量的物理信号，即界定清楚所需输入变量和输出变量的个数及类型，明确区分哪些是控制信号，哪些是数据信号，并规定各信号为“1”、为“0”的具体含义，也即对变量进行逻辑赋值。进而找出输出和输入各信

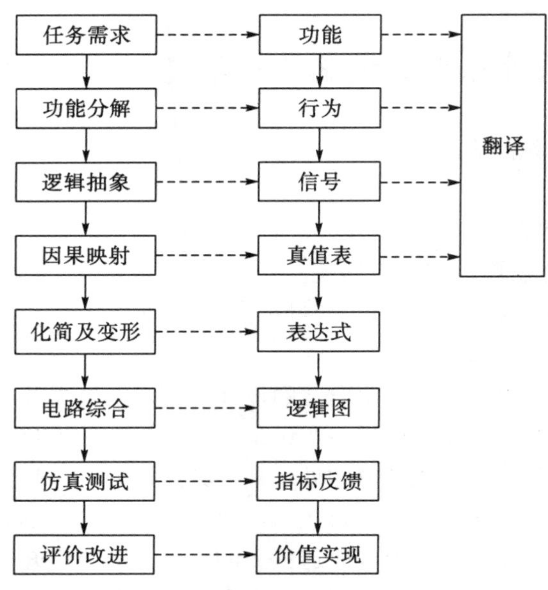

图 7.15 组合设计步骤的全景图

号之间的逻辑关系(包括直接和间接的，因果项和无关项)得到真值表。以上各环节共同组成完整的“翻译”环节，至此，最具创造性及挑战性的形式化描述工作才得以完成。这个过程绝大部分教材并没有解析清楚，因此，教师须在讲授中予以补充和强调。接下来的步骤相对机械和规范，将真值表转换为表达式并化简，进而得到逻辑图。一般教材到逻辑图设计活动便结束了，这与实际工程场景是脱节的。作为技术设计活动，测试反馈及评价改进既是终点也是起点，技术测试及技术评价涉及电路设计的理念及价值观等指导性思想，必须引入课堂并进行案例、讨论式教学。

以上模型包含了两个层面的信息，上面的流程及环节是对教材步骤的细化和延伸，特别强调了作为一个完整的设计活动，测试及评价是必不可少的，有助于学生形成系统观并抓住最核心的环节，突出思维方式在组合设计步骤中的地位和作用。然而，根据学生的认知水平以及作者多年的教学实践经验，作者认为仅仅为学生归纳并呈现一个流程步骤是远远不够的，学生容易将流程性、步骤性的东西理解为一种程序性知识，只做表面的识记而不去探究流程背后千差万别的事件反映在设计活动中的多样性和特异性，实战中往往抓不住问题的本质。为此，本案例从信号与信息的关系模型出发，认为流程的迭代实质是载体及其携带信息的迭代转化，进而对流程步骤背后隐含的东西进行了专门的解读，如图 7.15 中第二列的部分。相比教材的罗列，本书特别强调功能、行为、信号之间的区分，其关系是：功能是一种系统层面的描述，功能的实现依赖一定行为的某种组合甚至是序列化的组合，这些行为需要通过一些物理信号去定义、表达和实现。以

7.3.1小节中表决器设计的例子来说，表决就是一种功能，这种功能可以由“少数服从多数”这样的行为方式来刻画，这些行为通过 A、B、C 三个信号是否为1来界定少数及多数。设计任务越复杂，做这样概念的区分就越重要。再如，在组合逻辑电路的分析中，在最后一个环节归纳电路的功能时，大部分学生往往只能说到行为层次，如“两个及两个以上的1则输出为1”认为是功能，这是错误的。功能之所以成为功能是因为满足了人的某种需要，功能是有目的的行为。因此行为一定要进入生活领域，与生活某个情境互动并产生使用价值，这就是功能区别于行为的根本方法。“价值实现”作为设计活动的最后一个环节教师给予足够重视，该环节既可作为对功能的评价和认定，作为工程师的劳动成果也可以以此为载体进行相应的人文精神和价值观的渗透，提升学生改造世界的意识。

7.3.3　技术设计(电路作品)评价模型的教学建议

课堂模式：案例、翻转式教学。

教学目标如下。

(1)方法：归纳方法。

(2)观念：大工程观、伦理道德观。

(3)语言：技术评价、技术设计、技术价值，人文、伦理等。

(4)情感：作品欣赏与技术评价。

教学内容分析：数字电路的设计属于技术设计的一种，然而由于学生的知识、经验以及视野的局限性，往往把电路设计作为一种孤立技术来学，很难提高自己在设计思想、设计意图、设计价值上的层次。因此，教师应该从通用技术设计的高度帮助学生建立相应的观念、模型及流程等共性价值，介绍体现技术设计领域具有典型意义的教学内容，包括结构与设计、流程与设计、系统与设计、控制与设计等主题。每个主题都涉及特定的技术领域，但又有着基础技术内容的共性，其所体现的技术设计的思想和方法具有示范性和迁移性。技术设计属于工程，工程即解决问题从而产生使用价值，电路作品不是孤立系统，必须进入生活领域，与人、环境相互作用，因而也要受到法律法规、伦理道德等人文制约。然而大部分教材对组合电路设计是“功能导向”的，忽略了电路作品的社会属性，造成技术过程脱节及角色意识淡薄。因此，从“价值实现”反推设计过程才能真正使得学生具备工程师意识，而不是纸上谈兵缺乏代入感。技术评价模型环节既是对功能的评价和认定，也是工程师的劳动成果，以此为载体对学生进行相应的人文精神和价值观的渗透，进而提升学生改造世界的意识，这是教学中增加本节内容的现实意义。由于少有教材涉及这方面的内容，需要教师在备课时调研相关技术文献及实际工程案例，如本篇参考文献给出的部分资料。

教学过程如下。

1)案例引入

教师活动：教师精心选取一个实际的、过程完整的工程案例进行剖析。

学生活动：对案例进行讨论、点评，尝试进行归纳。

2)教师引导

将设计的评价贯穿设计过程的始终。电路作品及方案的评价能力是技术素养的重要组成部分，包括对电路设计过程的评价以及最终方案的评价两方面，如问题是否有价值、思路是否合理、能否优化等方面。具体而言，按时序关系各环节评价内容如下。

(1)需求分析：要评价该问题是否有解决的价值，以及能否通过设计得到解决。

(2)制定电路设计方案：要评价方案的可行性和有无创新性。

(3)电路模型仿真及制作：要评价元件、器件选择是否合理、参数是否恰当。

(4)设计出样：要测试并评价是否达到预期的设计需求，有无进一步改进的可能性。

(5)作品定型：评价其是否符合设计要求。

(6)交付使用：作品使用期间，要评价作品的成本、可靠性、安全性、易用性、经济性等，特别强调作品的使用及最终处理会产生什么样的影响(经济、社会、环境、道德伦理等，从而进入美学范畴)。

学生活动：学生养成保留设计过程记录的习惯，以便于自我总结评价及举一反三。学生收集并阅读一些优秀的实战设计的总结报告，用以指导自己的设计报告。

教师活动：总结提高。组合设计实质是一种技术设计，设计活动是一种创造性活动，是一个表达自己技术思维思想的过程，将思维活动转化为电路作品，进入物理世界与生活互动，进而产生使用价值，推动生产力的进步。如何让别人了解自己的设计思想，准确简洁地展现自己的设计构思，如何捕捉有用的技术信息，反映了一个人的技术交流能力，这也是技术素养的重要组成部分[8]。一般技术设计的主要步骤归纳如下。

(1)需求分析：数字电路面临的工程问题一般有三类，一是人类生产生活活动中遇到的问题，二是需求方给出的问题，三是基于一定目的由设计者自己主动发现的问题。通过综合三个方面抽象人们的需求及愿望，发现并明确值得解决的技术问题。

(2)设计要求及原则：包括标准与限制两方面。一般设计原则及相关设计规范是前人在长期设计实践中积累的宝贵经验，如组合逻辑电路中的最小化设计原则。限制是对设计的约束集合，对于缺乏设计经验的在校大学生而言，让其懂得有些约束非常重要。约束包括技术的和非技术的两大类。技术类约束包括成本约束、理论约束(如物理永动机)、器件约束等。非技术类价值观及道德伦理层面，例如，将数字电路知识用于设计网络攻击的硬件木马、盗取银行卡密码器等就违背了道德约束，而这也是本书强调将观念及情感因素进行学生思维建构的原因。

(3)模型与原型：模型是用以交流并检验设计思想、设计过程及优化设计的手段。原型构建的过程包括了前面所述的行为分解、逻辑抽象、器件选型等步骤。

(4)方案论证：多电路方案的比较、权衡与定型。

(5)仿真与测试：对数字电路相应的功能、性能等参数进行评估测试。

(6)方案优化与评价：在设计约束中尽可能完善所期望的作品品质，如人性化、安全性、可靠性、经济性以及审美特性等。

(7)说明书及使用手册：编写数字电路作品的使用方法及注意事项。

第 8 章　触发器的教学研究与案例

8.1　知识矩阵与教学目标

本章以触发器的记忆演化、结构进化及触发方式探究等几个关键知识点为载体，挖掘该知识点所能承载的思维要素具体内容，进而案例化展示如何通过特定教学手法达成建构学生思维要素的教学目标，如表 8.1 所示。

表 8.1　用于思维方式建构的触发器教学知识点

知识模块	知识点	知识类型	学生思维要素建构				教学法
			观念	情感	语言	方法	
触发器的探究	门的结构演化与记忆效应	设计性	工程观	技术进步的成就感	记忆、存储、延迟等	科研方法	启发式与探究式教学法
	触发器及其进化过程	设计性	科技进步观	创新体验	同步、异步、时钟等	工程方法	探究式与PBL 教学法
	结构与功能的关系	概念性	哲学观	结构、功能的和谐之美	同一性、多样性等	辩证思维方法	翻转课堂教学法
	触发器的作图方法	程序性	工程观		口诀等	归纳与演绎	案例教学法
	触发方式的探讨	概念性	伦理道德观	电路作品与人文情怀	触发条件、触发方式	科研方法	启发式与科研教学法

8.2　重难点分析及讲授方法建议

触发器作为数字电路两个核心的、基础性的结构部件之一，相关知识点是本课程的重点，无论是电路的功能还是结构相比组合逻辑门而言都有了重大的进化，出现了电路的记忆功能，而记忆是智慧的基础，这是难得的可作为科学素养教育载体的知识点，教师应从科学研究和科技进步的高度阐释从逻辑门到触发器、从基本结构到边沿结构进化的思想、过程和技术路线，以及蕴含在进化过程中的科研方法、科技进步观以及哲学思想，以促成学生形成知识、技能的迁移能力。

从教材上看，在知识处理及教学策略上，相当一部分教材将本部分知识独立成章或专题论述，占据较大篇幅；从内容上看，大部分教材均从功能到结构到触发方式进行了全景式的介绍。但是，从写作风格上看，绝大部分教材是将本节知识作为事实性、程序性知识加以介绍，而并没有用归纳与演绎的手法再现触发器探究、进化过程。相应的，在教学策略及教学方法上大多青年教师也以教材为蓝本平铺直叙的讲授为主，将触发器作为一种既定的成果，弱化甚至不提触发器的结构思想、进化过程，虽然面向触发器的应用是没有错的，但过分忽略科学精神的渗透，学生并没有受到多少科学思维的训练和启发，这对学生思维的建构和能力的培养是不利的。作者认为，触发器的教学恰恰应该突出探究式、启发式甚至科研式，因为从整个课程内容看很少有一种器件同时涉及科研思维、科技进步观、功能与结构的哲学观等上层建筑，理应将触发器的研究作为优秀的教学样本及案例，触发器相关知识中可作为思维方式训练的载体有很多，值得教师花大力气去挖掘和利用。

触发器的产生背景、电路构思和应用实现都具有启发性，能够充分发挥学生的想象力和创造力。在讲授触发器这部分内容时，采用探究式教学法，着重讲清触发器电路产生的需求背景、器件的作用、组成结构、分析方法，以触发器改进的方向及进化的过程为主线，评价每一种触发器的结构思想及存在的新问题，再现新型触发器电路的获得过程，让学生始终处于问题的中心，像科学家、工程师一样思考问题，从而获得一种新发现、新改进的身临其境的感觉，以此为载体模拟出科学家的探索过程，从而激发学生求知欲和创造欲，活跃学术思想。

此外，触发器功能的进化、触发方式的改进关键在于结构，结构的一般定义是指事物内部的组成、排列及其相互之间的关系，结构不仅是事物存在的形式，更是事物特性的重要依据。结构总是与系统相关联，结构是系统的组成形式，也是系统功能的依据。广义上认识结构的地位和价值，有助于知识的迁移，因此，触发器中结构和功能关系的深入讨论是不可缺少的。结构的欣赏也是技术评价的一种表现形式，体现了技术素养的一个重要组成部分。优秀的结构表现在功能与形式的统一上，可从技术与文化两个角度进行欣赏。

(1)技术角度：如结构的功能、触发方式、控制特性(如主从结构的时间隔离)等。

(2)文化角度：如结构对称性之美、技术进化迭代的延展性之美等。

8.3 教学设计样例及点评

8.3.1 门的结构演化与记忆效应的教学建议

课堂模式：探究式、启发式教学。

教学目标如下。

(1)方法：科研方法。

(2)观念：工程观。

(3)语言：记忆、存储、延迟、状态、时间、历史、反馈等。

(4)情感：技术进步的成就感。

教学内容分析：到了本章学生已学完组合电路的知识，一般教师也会总结组合电路的特征是“当时输入定输出”，即电路仅从当时的输入条件就可以按照逻辑表达式充要地确定输出，而原来的输入对现在的输出是没有影响的，“事过”则“境迁”，也就是“无记忆”。然而触发器作为时序电路必不可少的核心部件其本质特征恰恰是“有记忆”的，从无记忆到有记忆这么巨大的功能跳变，它是怎么来的？怎么办到的？极少有教材涉及这个话题。作者认为，直接抛出触发器的内部电路结构并不妥当。触发器的交叉反馈结构是怎么演化出来的？科学家当初是怎么想到要这样做的？对学生又有哪些启示？在对知识进行溯源探究的同时，着重对创新意识、科学思维进行渗透。触发器的产生背景、交叉反馈结构的提出、电路的构思和实现具有很强的启发性，能够充分激发学生的想象力和创造力，教师可采用溯源探究法和逆向思维法进行讨论和讲授。

教学过程如下。

【教学案例 8-1】 “记忆”结构的溯源探究

1)知识回顾

教师活动：预设情景，与非门的真值表及其行为归纳。

学生活动：回忆并回答，如

有 0 得 1，全 1 得 0

看 0 不看 1

0 有效

……

2)提出问题

PBL 式问题导向，带入需求。

教师活动：如何让与非逻辑门进化出记忆功能呢？

学生活动：1～2 分钟自由讨论。

3)启发式互动

教师活动：教师不能就事论事，要高屋建瓴地阐释什么是工程思维，解决问题仅仅是形式和载体，得到思维的启发以及科研思维规范的建立更重要。基于工程思维的要点，教师进行启发式的提问，如想要解决的是什么问题？问题的本质是什么？评价达成目标的标准是什么？基于对目标、问题及评价指标的认识来构思技术路线及解决方案，这是一种问题求解型的工程思维。具体来说，本部分内容的目标是想要让逻辑门进化出记忆功能，那么首先要回答的问题是“什么是记忆”？从哪些角度用什么技术指标评判一个电路是否具有记忆？因此，对“记忆”概念的解构是解决问题的关键。前文已论述本课程的目标之一是让学生完成从物理世界到计算机世界的转换，本节课对“记忆”概念的解构其实质也是从计算机的观点来看待问题。学生对“记忆”的传统理解是模糊的、抽象的，对“记忆”的描述也是枚举式的，很难转化为计算机可理解并执行的形式化规则，站在计算机的视角“记忆”是什么样的呢？

4)概念探究

教师活动：记忆是一种时间效应，从信息论的角度，曾经的、历史的输入信息随着时间的推移保持不变就是记忆，信息不变要求携带信息的相应信号的状态及结构稳定不变。为了便于理解，下面以机械触发器“拉线开关照明灯”为例解构“记忆”的含义。

学生活动：审视自己的生活场景自行描述、归纳或相互讨论。

(1)两个状态：亮和灭。

(2)状态切换：在拉线动作的作用(触发)下，灯的状态可相互转换。

(3)松手后，拉线动作(触发)信号消失，新状态可自行长期保持下去。

可见，拉线开关无须在输入端维持拉线，输入不在但状态得以延续和保持，这种保持就是记忆！

教师活动：带领学生通过类比举一反三，基于该引例，电子触发器的状态可归纳为“两个稳态、不推不动、推后自稳”。

(1)两个稳态：输出为两个稳定的逻辑状态之一，分别用 0 和 1 表示。

(2)置 0 置 1：在输入(触发)信号作用下，触发器的两个稳定状态可相互转换(称为状态的翻转)

(3)输入(触发)信号消失后，新状态可长期保持下去，随着时间的推移这个被保持的状态传承了历史信息，因而电路具备了记忆功能，可存储二进制信息。

可见，从计算机的角度，记忆可以表现为不同角度的物理形式，如保持、延时、锁存、存储都是记忆。有了评价指标后，怎么实现呢？

5)原理探究

(1)数学模型。

教师活动：提出问题，什么是“历史”。

学生活动：历史就是以前的东西
历史就是以前的信息
历史就是以前的输入
……

教师活动：点评+引导。历史是“信息的”，但历史并不是以前的输入，因为输入已经不在了。那“历史的信息”是怎么传承的？保存在哪里呢？以考古为例，考察的对象是人类历史活动所输出的结果，这些结果包含了大量人类历史上的活动信息(即输入)。因此，从系统的角度如果把自然界看作一个系统，人类活动作为该系统的输入，则历史就是系统以前的成果即“输出”。

回到刚才拉线开关的例子，从模型的角度说，拉线是一种外部输入，以学生的生活经验可知，仅仅依靠外部的拉线输入显然并不能预知灯的结果，拉线前灯的历史状态会参与决定拉线后的结果。因此，对照组合电路的代数模型 $Y=f(A, B, C\cdots)$，拉线开关该怎么写呢？是 $Y=f$(拉)吗？显然这不是完备描述，如果以拉线动作为时间观察点，定义拉线前的状态为历史状态，记为 Q^n，拉线后的状态为新态，记为 Q^{n+1}，则表达式可以写成 $Q^{n+1}=f$(拉，Q^n)。对这个表达式的物理意义教师应该重点点评，提高学生数学思维及工程能力，从表达式解读出物理意义和认知信息。相比 $Y=f(A, B, C\cdots)$，Q^{n+1}的表达式有了质的飞跃，从数学上看，括号内都是输入变量，但输入的含义得到极大丰富，其中拉线是真正的外部输入，而 Q^n 是内部的历史输入。从位置上看，拉线在系统的输入端，而 Q^n 根据之前的解读在系统的输出端，且是系统以前的输出。从结构上看，以前的输出要和当前的输入一起决定下一时刻的输出，在电路上必然存在一个中介使得输出能回到输入端以参与函数关系“f”，可以预见，在结构上必然存在反馈通路，从而使得逻辑门进化出“记忆”功能。可见，“记忆”是数学的、信息的、物理的也是结构的。

【微评】 从信号角度看待“历史”是一种计算思维，这个认识非常重要，不仅对当前教学中门的演化有思路上的画龙点睛作用，而且对学生学习和理解后续的原态、旧态、新态、次态的概念以及新旧的相对性非常有帮助，尤其是时序电路分析与设计中驱动方程、输出方程以及状态方程中如何区分和表达历史。

(2)电路模型。

教师活动：根据对“记忆”数学模型的讨论，回到起点即逻辑门的行为中来。以与非门为例，请学生从两个角度参与思考和互动：从反思的角度判别逻辑门是否具备记忆功能，从数学建模到物理实现的工程角度思考如何让逻辑门进化记忆。在黑板板书与非门如图 8.1 所示，一端固定接电源，相当于逻辑 1，是无效输入，用与非门另一输入端来模拟拉线动作。根据逻辑代数一章的知识及表 8.2 的真值表知道与逻辑是“0 输入有效”(active-low)。因此，输入一个 0 就相当于对灯进行一次拉线动作，根据与非门的真值表可知，此时输出将为 1，相当于灯被拉亮了。但是，若将输入的 0 撤销到无效的 1，即相当于松手动作，请学生想想刚刚设置的灯的新状态(灯亮)能否自行保持下去呢？仍然根据与非门的真值表可知，此时输入端为全 1，“全 1 得 0”，可见，松手后灯熄灭了，历史(以前是拉过线的)被遗忘了。

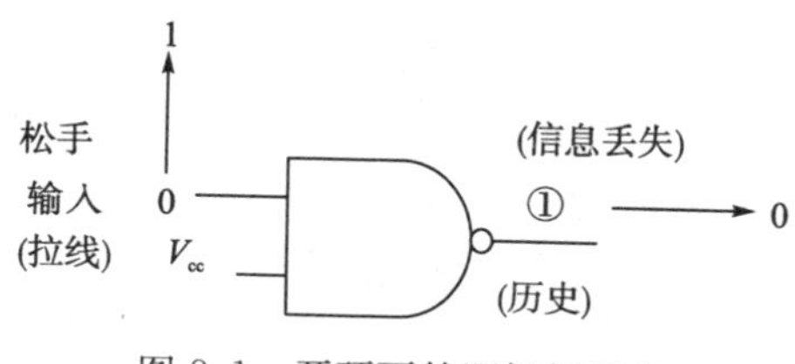

图 8.1 开环下的逻辑门行为

要让与非门记住以前是拉过线的，该怎么做呢？仍然回归到与非门的行为方式即表 8.2 所示的真值表中来。当一端松手后(回到逻辑 1)要想在输出端仍然维持逻辑 1，从真值表看有且仅有一种方法那就是让另一端为 0，这就是解决问题的思路。

表 8.2 与非门真值表

A	B	Y
0	0	1
0	1	1
1	0	1
1	1	0

进一步地，另一输入端该什么时候为 0？谁来通知它为 0？通过什么手段使之为 0 呢？显而易见，这一步不能由人工判断并由人工从外部输入一个 0，因为这样的电路自身仍然是没有记忆的(人作为了记忆的中介)。那这个 0 还可以从哪里来呢？只有从电路本身得到。请学生再一次认真观察图 8.1，电路本身的其中一个输入端和输出端已经存在 0、1 信号，因此，能否复用这些现成的、电路自身存在的 0、1 信号呢？如果复用另一输入端的信号，因为输入端由用户掌握而非开发者掌握，其输入是不可事先预知的，另外，输入端电磁环境复杂，往往存在各种各样的干扰，因此不是最佳选择。再看输出端的 1，这个“1”根据之前的分析可称为历史，它包含了以前的输入信息，且电磁环境和输出方式是可控的。因此，用输出信号来制造输入所需的逻辑“0”值得尝试。

【微评】 这里模拟了科学家发现及解决问题的过程。

思路打开后具体电路实现上就比较自然了，用输出的逻辑 1 通过一个非门即可生成逻辑 0，再把这个 0 通过导线送回与非门的输入端，因这条导线内的信号是从输出流向输入，因此称之为“反馈线”，这与之前数学模型的预测高度一致。

【微评】 体验科研思维之美。

改造后的电路如图 8.2 所示，再将该电路映射到拉线开关的场景。拉线即相当于输入 0，根据与非门“看 0 不看 1”的动作逻辑可知，此时不论反馈的历史状态是什么输出都为 1(灯亮)，与此同时，输出的 1 通过反馈线经过非门把与非门的另一输入端预置为 0(当然，从物理过程分析此处存在门的延迟时间，但时间极其短暂，可忽略）。松手后，与非门相应输入端表现为逻辑 1，但因另一输入端已事先预置到 0，根据真值表“见 0 为 1”的特性，输出仍然保持为 1 的状态不变。可见，输入撤销后新的状态被稳定保持下来，因而实现了“记忆”。这就是逻辑门向记忆功能的进化思路和进化过程。

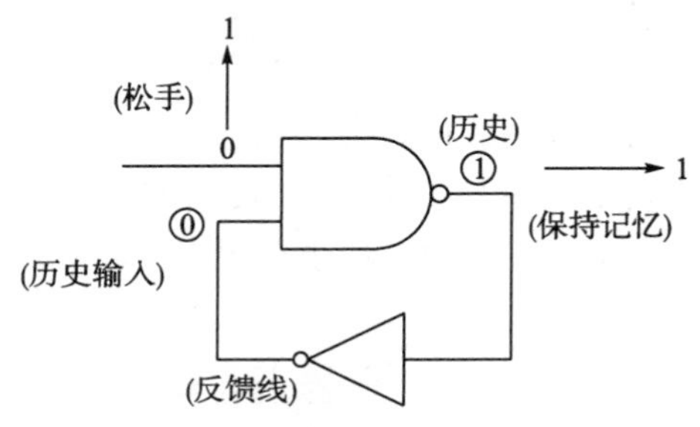

图 8.2 逻辑门的记忆化改造

8.3.2 触发器及其进化过程的教学建议

课堂模式：PBL、探究式教学。

教学目标如下。

(1)方法：工程方法。

(2)观念：科技进步观。

(3)语言：同步信号、异步信号、时钟信号、初态、次态、不定态、触发方式、结构与功能等。

(4)情感：创新体验，迭代进化的欣赏与评价。

教学内容分析：本节知识比较繁杂，内容上包括四种功能、四类结构的不同触发器，触发器的电路结构、触发方式、动作特性、逻辑功能之间的关系错综复杂，风格上一般教材都按结构、功能双主线进行展开，一类触发器可分多种电路结构、多种触发方式、多种逻辑功能的情况进行讨论，学生对各种触发器的逻辑功能和触发条件容易混淆，似乎只能靠死记硬背。从知识点的性质以及教学策略上讲，因涉及很多组合电路里没有的概念、行为及其信号形式，知识的讲授都要进入电路的内部结构并探讨结构和功能的关系，这和前面的中规模组合电路教学上所倡导的黑箱模型、应用导向的学习方法是矛盾的。另外，因为教材一般是以电路结构由简到繁、功能由基本到完善这样一个顺序进行组织的，针对具体某种触发器也是由电路结构介绍到工作原理分析到逻辑功能的归纳再到特性方程的建立。一般教师习惯将教材作为一种模板，恰好教材的这种叙述方式契合了“灌输”式的讲授方法，由于内容多且单调重复，学生很容易产生厌烦情绪。因此，教师一定要“以学生为中心”，站在“学”的角度在备课时充分思考两个层面的问题，一是宏观层面，为什么要学习那么多种类型的触发器？为什么不直接讲最先进的触发器？各种结构触发器到底是怎样提出和演变过来的？对后续知识的学习有没有帮助、帮助在哪？二是微观层面，不定态的电路根源及其表现形式是什么？如何解除约束问题？存在空翻现象的根本原因是什么？触发方式对触发器的行为及其作图到底有什么样的影响？对学生的这些种种疑惑如果不回答或处理不当会使课堂教学相当乏味，不仅达不到本书倡导的对学生思维方式的建构，甚至会让部分学生失去往下学的兴趣和信心，因而本章成为教学上的一个难点。本案例着眼于塑造学生的科技进步观及工程思维方法，以触发器的结构进化为主线，模拟科学家的探索过程，探究不同类型触发器电路产生的需求背景，触发方式的作用、组成结构、分析方法及存在的新问题等，再现触发器电路的获得过程，使学生在教学过程中有临场感、有新发现的感觉、有新发展的愿望，进而激发其求知欲和创造欲，也进一步增强和活跃了课堂的学术思想。在讲授方式上建议重点考虑问题导向的 PBL 教学法以及演绎导向的探究式教学法，如果学时有限只能采用普通讲授法也建议教师一定要主线清晰(结构和功能双主线)、归纳准确、醍醐灌顶，以便学生掌握触发器作图及其应用的要领。

教学过程如下。

【教学案例 8－2】 设计者角度，再现触发器电路进化过程

1. 基本型触发器及其评价方法

前节关于“逻辑门的演化”的讨论，学生对“记忆”的内涵及其实现方法有了颠覆性的认识，在此基础上，教师应趁热打铁，进一步提升学生的认知水平并形成对电路作品的评价能力。建议与学生一起重点讨论清楚三个方面的问题：一是基本型触发器电路的结构思想，二是不定态的认识，三是第一个触发器的评价。

1)基本型触发器电路的结构思想

教师活动：根据前节分析，基本 RS 触发器电路因为存在反馈线，使得逻辑门之间形成了正反馈，相互维持相互强化从而实现了记忆功能。这里出现了结构与功能统一性与多样性的辩证关系，教师须对交叉反馈进行延伸讨论。基本型触发器可有多种电路形态，如图 8.3～图 8.5 所示，虽然各类电路中的门不同，但所有基本型 RS 触发器均含有交叉反馈结构，可见对“记忆”而言逻辑门的类型不重要，结构才是决定功能的条件。

学生活动：请根据教师的提示发散思维，构建出更多形式的基本 RS 触发器。学生进行课堂小组讨论或课后调研。(略)

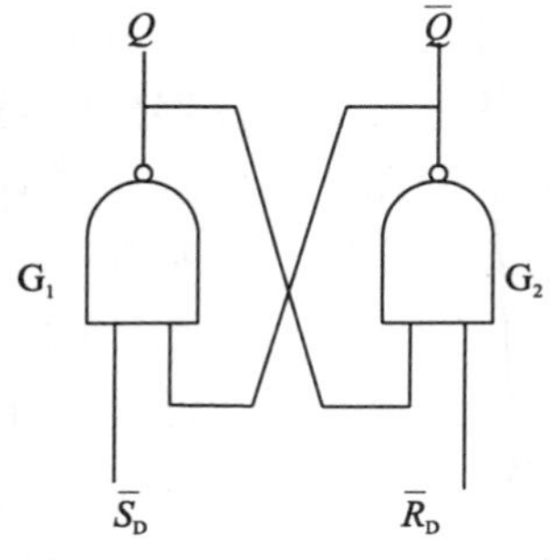

图 8.3 与非门的交叉反馈

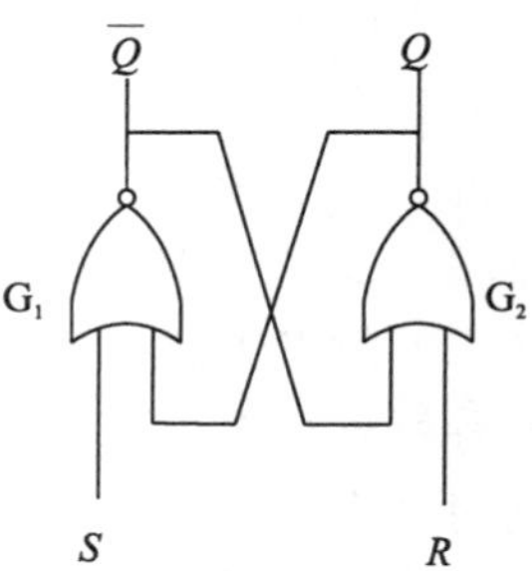

图 8.4 或非门的交叉反馈

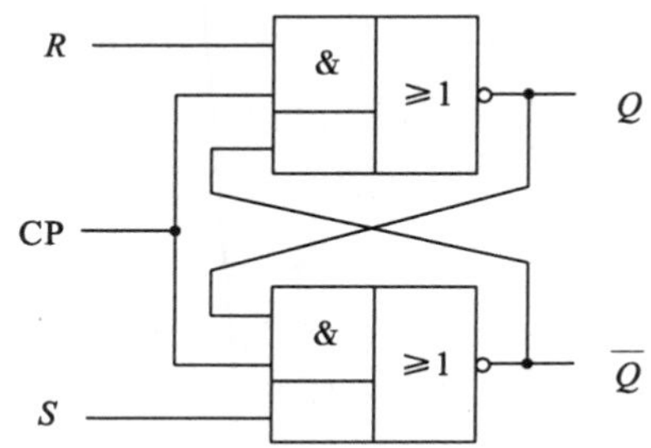

图 8.5 与或非门的交叉反馈

2)不定态的认识

教师活动：不定态是本节知识的难点，学生对不定态的初次认识是模糊的甚至是矛盾的。建议逻辑上分三步进行教学：一是不定态的提出和推导，二是不定态的输出效果仿真，三是不定态根源问题的理论探究。

(1)不定态的提出和推导。

以图 8.3 的电路结构为例，当两个触发信号同时有效，即 $\overline{R}=0$，$\overline{S}=0$ 时，根据与非门的逻辑关系有 $Q=\overline{Q}=1$，即两个输出为同相状态，这不符合触发器正常输出的逻辑，是一种非正常状态。此时如果将两个有效触发信号同时撤销，即回到 $\overline{R}=\overline{S}=1$ 时，交叉反馈回路将进入一个新平衡状态的建立过程，Q 和 $\overline{Q}$ 在反馈至对应与非门输入端的过程中产生了竞争，由于两个与非门的传输延迟时间不可能完全相等，也由于两条反馈线在线路长短、线路拐弯角度、所处位置的温度及电磁环境不可能绝对一致。这种竞争会带来问题，即抢先反馈的信号决定了触发器的下一个稳态，而 Q 和 $\overline{Q}$ 信号反馈的快慢是不可预测的，因此，这个稳态到底是 0 还是 1 是随机的，不可事先确定。这就是不定态的真正含义。

尽管经过如此细致的解析，学生在时序作图及应用时仍然对不定态难以把握。因此，教师还应该对不定态从本质到表象、从触发条件到时间阶段进行进一步的归纳。不定态包含两重含义，一是当触发信号出现同时有效时，此阶段触发器的输出不再互补，而是同相关系，这与正常情况不同，所以专门给个名称“不定态”以示区别，但是这个名称也有误导的成分，学生务必要注意，此阶段触发器的输出状态恰恰是“确定”的。那为什么还称“不定态”呢？什么情况下才会真正出现不定态呢？这就是核心的第二重含义，也就是不定态的触发条件，当两个有效触发信号“同时”撤销后，接下来这个阶段触发器会输出什么状态才是“不定”的。不定态的动作特点如图 8.6 所示。可见，区分清楚不定态的“定”与“不定”的辩证关系是讲好本节知识的关键。

【例 8.1】　画出图 8.6 所示同步 RS 触发器的输出波形。

解

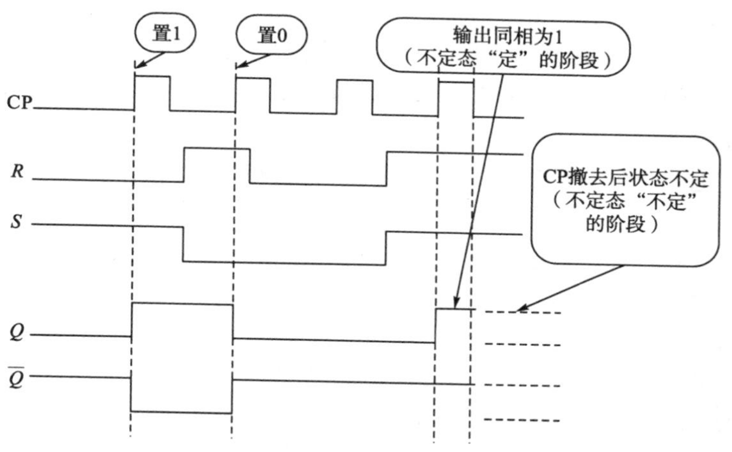

图 8.6　不定态中的“定”与“不定”

(2)不定态的输出效果仿真。

教师活动：启发式提问，延伸讨论。请学生预测一下图 8.7 中当 J_1、J_2 同时打到电源端(逻辑“1”)，接下来仿真软件会如何表示不定态呢？

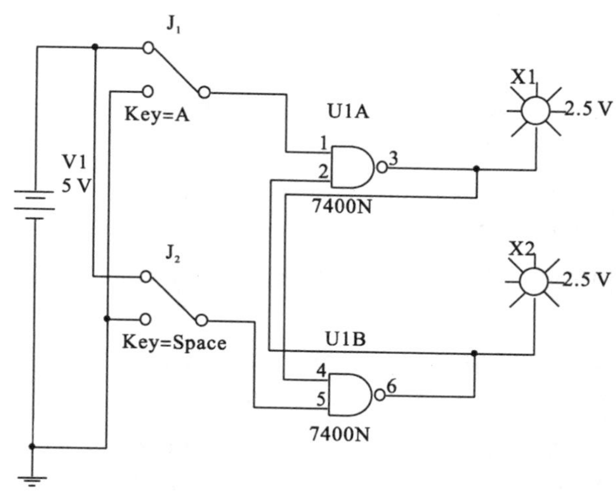

图 8.7　不定态的仿真

学生活动：讨论并回答。(略)

教师活动：运行 Multisim 软件，建立基本 RS 触发器的原理电路如图 8.7 所示，通过两个开关模拟触发器的四种输入，分别进行仿真和演示。

学生活动：观察并讨论。

啊？是这样啊。

怎么会是这样？

……

教师活动：对仿真中两个灯同时闪烁的现象进行分析(图 8.7 未能表达出闪烁，读者可在 Multisim 软件中进行观察)，同时继续提问，实物电路实验会观察到仿真软件中的现象吗？此问题可以在课堂上给学生留出想象空间，有条件的学校也可以作为课后作业要求学生下来自己搭建实物电路并观察现象，下次课组织简要交流讨论。教师引导学生如何正确、理性看待软件仿真。

(3)不定态根源问题的理论探究。

教师可从物理理论或电路理论适当地引导，详细的理论分析可让感兴趣的学生及学有余力的学生课后查阅资料专题研究，并在后续课堂上给予机会让学生代表发言，活跃课堂的同时起到示范样板效用。

物理角度：不定态的实质是一种振荡状态或者亚稳态系统，亚稳态不是真正的稳态，随机噪声会驱动亚稳态系统转移到另一个稳态工作点上去。可用物理上的“球与山”模型形象解析亚稳态特性，一旦触发器进入亚稳态，它的行为就取决于“山的形状”。

电路角度：根据张弛振荡原理，当两个触发信号同时撤销后，触发器的交叉反馈环路进入一个新平衡的建立过程，由于 Q 和 $\bar{Q}$ 信号的反馈速度随机且不对等，但在回路强烈正反馈累积效应的作用下，电路迅速偏离亚稳态进入两个稳态(0 和 1)中的某一个，最终稳定在哪是随机的。

3)第一个触发器的评价

教师活动：采用翻转课堂教学法，将学生先置入问题情境中。如何评价刚刚进化成功的基本 RS 触发器呢？

学生活动：天马行空、百花齐放式地讨论。(略)

教师活动：对学生的讨论进行总结及点评，表扬在评价中出现的多种角度多个维度，这是一种很好的工程体验。对基本 RS 触发器的参考总结如下。

特点：

(1)控制方式：直接控制，输入信号在全部作用时间内都直接控制输出端的状态，输入变量带有的下标 D 是 Direct 的意思。

(2)触发方式：基本 RS 触发器的触发信号是或高或低的电平方式，属于电平触发，R 为复位输入端，S 为置位输入端，可以是低电平有效，也可以是高电平有效，取决于触发器的结构，参见图 8.3～图 8.5。

(3)响应时间：基本 RS 触发器由于反馈线的存在，无论是复位还是置位，有效信号只需要作用很短的一段时间即可改变输出，即“一触即发”。

缺点：

(1)输出受输入信号直接控制，因不能定时控制所以 R、S 信号存在竞争，当输入信号发生变化时，输出即刻就会发生相应的变化(可能是一次冒险)，抗干扰性较差。

(2)有约束条件。基本 RS 触发器存在约束条件($RS=0$)，由于两个与非门的延迟时间无法确定，当 R、S 同时有效时，输出不定态。不定态是一种失控状态，导致基本 RS 触发器可用性较低。

2. 触发器的进化路线

教师活动：黑板板书如下进化方向。

提高噪声免疫力　提高输入自由度

触发器的输入信号虽然都是 0 和 1，但却存在是信号还是噪声两种截然不同的身份，如何定义干扰？噪声是如何产生如何表示的？触发器如何分辨输入是有用信号还是噪声干扰？因此，提高噪声免疫力是一个改进方向。另外，不定态是一种失控状态，须从根本上解除不定态以提高输入自由度。在讲授过程中要始终抓住这两条主线展开，从而使教学内容变得清晰且易于掌握，有利于思维的建构。需要注意的是，科技进步从来不是一帆风顺的，在触发器的进化过程中，解决一个问题可能会引发或带来新的问题，这是学生无论思维、毅力还是情绪都一时难以适应的实际工程场景，教师对进化过程的还原及点评非常有助于让学生获得一种工程体验、失败体验及科技进步体验，进而获得一种人文熏陶及思维的升华。

1)从基本 RS 触发器到同步 RS 触发器的进化

(1)技术路线。

如何提高基本 RS 触发器噪声免疫力呢？教师需要思考的是，从哪个角度引入更清晰、更自然呢？是在什么需求背景下产生的进化需求？又是如何想到这样设计的呢？本案例给出两个不同用例供参考。

【用例 8－1】　从单个触发器不同输入信号间如何协同的角度

根据前面学生对基本 RS 触发器缺点的讨论，直接控制的方式在稍复杂一点的数字系统中一般都算是一个缺陷，抗干扰能力差表现在两个方面。一是从输入关系看，因为 R、S 两个输入信号所处的路径、电磁环境、温度等要素不可能完全相同，外部表现为 R、S 信号到达逻辑门有时间差，所以信号存在竞争容易冒险，这类似于码间干扰。二是从输出方式看，输出受输入信号的直接控制，那么噪声也可直达并直接改变输出，因此，RS 触发器无法区分输入是信号还是干扰，因为没有缓冲更无法处理干扰。那怎么改进呢？根据以上分析，显然要解决问题

的关键是对 R、S 两个输入信号进行预处理，在预处理阶段克服输入信号的竞争后再送入触发器。如何实现 R、S 两个自由输入的协同呢？信号自身是非自觉的，相互之间不可能产生约束关系，因此，只能引入第三方信号。打个生活比方，以男女学生到教室上课为例，男女学生好比 R、S 信号，显然男女学生寝室位置不一样、走路速度不一样，到达教室的时间就存在差异，即出现了竞争，然而先到达教室的学生就能决定教师上课这是不妥当的。男女学生去上课是自律的不存在沟通协同，要保证集体上课该怎么做呢？根据学生的生活经验要引入公共参考系即打铃信号。相应地，可以将引入第三方信号作为公共参考系的思想用于改善基本 RS 触发器的噪声免疫力，这个第三方信号控制了上课的节奏，是一个时钟节拍(CP)。有了这个节拍还需再解决一个问题，上课事件中学生是“能动”的参照 CP，但触发器中的输入信号是无意识的，因此，需要 CP 信号去主动控制输入，这又是本书强调的从计算机的角度看待和处理问题。一个信号要对其他信号实施控制，根据 6.3 节提到的数字思维和对 0、1 语言的抽象，可以基于逻辑门的封锁或打开完成所需的控制需求，如图 8.8 所示，就是一种工程思维的再现。同时，在这里无论信号还是时间节拍都是 0 和 1，再一次引领学生体会 0、1 语言的抽象之美。

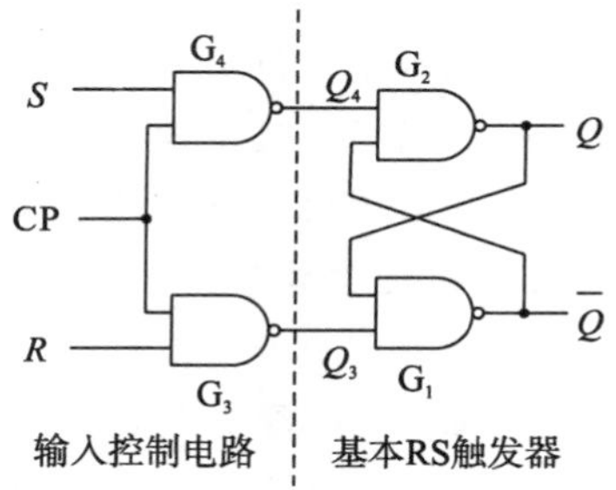

图 8.8　R、S 信号的同步控制

【用例 8-2】　从级联时不同 RS 触发器之间如何协同的角度

假设某数字系统如图 8.9 所示，需要将基本 RS 触发器 A 中所存的数据传递给另一个基本 RS 触发器 B，一般思路是将触发器 A 的输出端 Q 和 $\overline{Q}$ 直接与触发器 B 的输入端 S 和 R 相连，当触发器 A 获得新的数据后直接传递到触发器 B，若不考虑延迟时间，则触发器 B 的数据及状态总是与触发器 A 一致。然而，这种现象一般是不符合工程实际的，因为数字系统中级联的两个触发器往往需要各司其职，例如，触发器 A 用于寄存系统外部输入的数据，触发器 B 中的数据则供系统内部数据处理电路使用，而系统处理触发器 B 中的数据需要时间，与此同时触发器 A 可能又在接收新的数据并往触发器 B 传递，因此，两个触发器数据的交互是无协商、无节拍和无序的。正常的逻辑应该是触发器 A 和触发器 B 只

在应当需要传送数据时相互沟通，其他时间都应相互隔离，从而保证各自的工作节拍。可见，两个基本 RS 触发器的直接连接是不可取的。怎么办呢？由上述分析可知，其一，必然需要一种能力可以对触发器 A 传递过来的数据分别执行连通及隔离两种操作。其二，必然需要引入一个节拍信号去通知触发器 B 什么时候该连通什么时候该隔离。这就是同步触发器的结构思想。

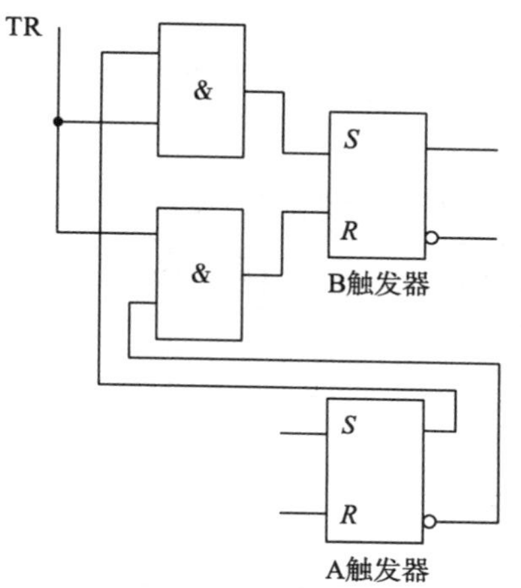

图 8.9　触发器级联时的数据传送

(2)进化评价。

同步 RS 触发器由于引入了时钟 CP，此时输入信号分成了两类，即输入信号 R、S 以及时钟信号 CP。在行为上输入信号要等待时钟 CP 开启才有效，因此称为同步输入信号。作图时，先要看 CP，当 CP 有效即 CP=1 时输入才有效，从而使得 R 和 S 具备了协同能力，这在一定程度上提高了抗干扰能力，如图 8.10 所示。

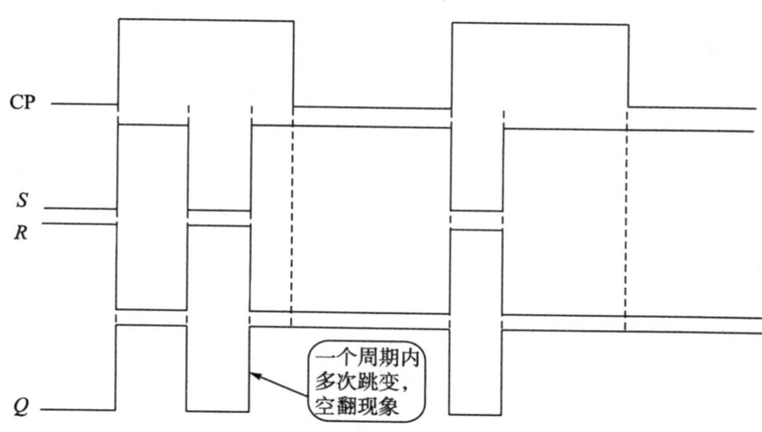

图 8.10　同步 RS 触发器的作图

但是，从图 8.10 也可看出，当 CP=1 期间若 R、S 多次变化，则输出也出现了多次改变，这违背了 CP 的节拍意义，是一种失控现象，称为“空翻”。造成空翻现象的原因是同步触发器的结构不完善，根源是触发方式没有改进。在行为上，CP 整个有效期内输入可以直接改变输出，干扰无法被有效识别和处理。在概率上，由于 CP 有效期比较长导致输入端长时间处于开放接收状态，难免受到干扰。

基于以上分析，可总结从基本 RS 触发器到同步 RS 触发器的进化路线及进化效果，如图 8.11 所示。

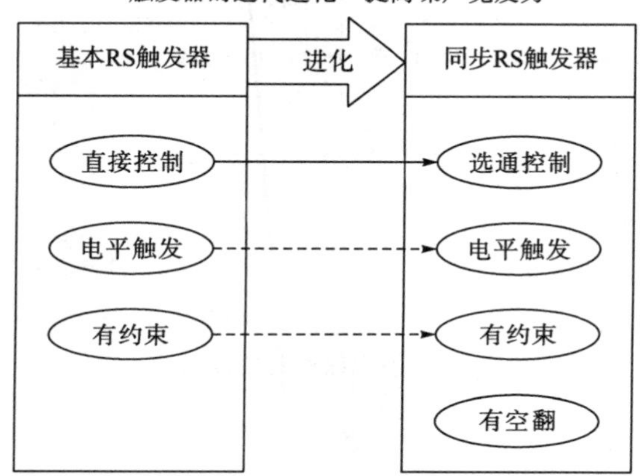

图 8.11　基本 RS 触发器到同步 RS 触发器的进化

可见，从基本 RS 触发器到同步 RS 触发器，控制方式得以进化，使得抗干扰能力有所提升，但触发方式未得到改进，仍然是电平触发存在固有的空翻现象，总体而言抗干扰能力依然较弱。

2)从同步 RS 触发器到主从 RS 触发器的进化

(1)技术路线。

教师活动：如何解决空翻现象呢？同步 RS 触发器引入时钟信号解决了输入信号间的协同，但抗干扰能力依然不强的原因是什么呢？从理论上讲不再是输入信号间不同步的原因了，应该转变视线和思维的角度。根据图 8.11 的总结，存在不止一种触发器都出现相同的问题，因此，归纳法找特征相似性就很重要。教师可抛出如下引导性问题：基本 RS 触发器和同步 RS 触发器的共同点是什么呢？共同点找的角度可以有哪些呢？

观察两类触发器发现，无论是直接控制还是选通控制，都是在信号有效电平期间输入直接改变输出，因而都属于电平触发方式，这就是两种触发器的共同点。因此，要想进一步提高噪声免疫力，必须从结构上改进触发方式才是出路。

如何改进呢？改进的目标又是什么呢？由“空翻”现象的定义容易得出改进

目标应为：严格按照 CP 节拍，触发器的输出在每个 CP 作用周期只能变化一次。为了得到启发可以带领学生向生活学习。生活中，一般重要部门的入口都设置隔离及盘查措施，经过入口审查后的人(即输入)才能访问到重要目标(即输出)。隔离输入和输出，设置缓冲地带是生活中保证目标安全的可见的措施。这就启发是不是可以在触发器中也设置缓冲隔离机制以提高抗干扰能力呢?

学生活动：具体探索、提出初步想法。(略)

教师活动：总结学生的思路，与学生一道研究技术路线。根据生活蓝本，关键是要改进触发导引电路，使输入不能直接作用于输出，因而改进后的触发导引电路必须具备对有效输入的记忆功能。可设置两级触发器，一个做主器负责接收输入，另一个做从器表达输出。根据前面的分析，同步 RS 触发器相比基本 RS 触发器更易实现协同控制。因此，选择两个同步 RS 触发器进行级联就是主从结构。

【微评】 提示学生注意这里技术进步的连续性、延展性和迭代性。

教师活动：然而更重要的是，两级同步 RS 触发器该如何级联呢?若将主器和从器的直接相连，那么这与单个触发器是等效的，输入仍然可以直接改变输出，只不过多走一段路而已。主器和从器必须要有不同的分工级联才有意义，那应该怎么做才能保证输入可以作用于输出但又不直接作用呢?物理上输入和输出必须要连通，控制只能通过其他方式，如逻辑的或时序的等。因此，物理连接而逻辑隔离的思想被提出来了。根据同步 RS 触发器受 CP 控制的特点，利用时钟交替就可有效隔离两级触发器，如图 8.12 所示。

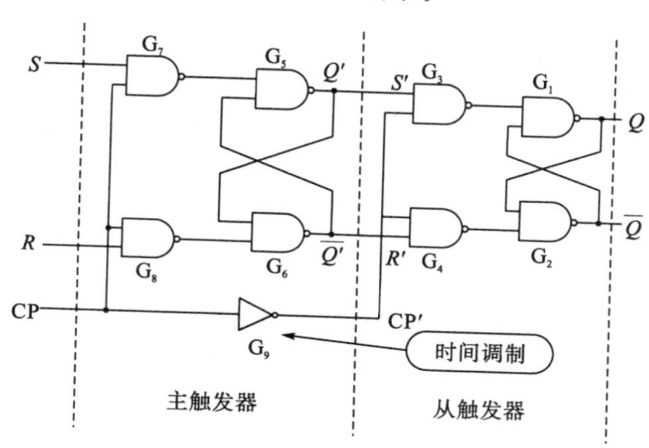

图 8.12 主从 RS 触发器的结构

图中主器负责接收 R、S 输入信号，从器负责表达输出，两级触发器通过 G_9 门的时间取反实现交替工作，主器接收与从器翻转分两步走。基于时间的隔离是主从触发器结构上的精华，教师应该讲好、讲透，帮助学生提升思维水平。此外，从美学欣赏的角度，0 和 1 可以将时间分段，再一次体会 0、1 语言的抽象之美。

(2)进化评价。

教师活动：为了讨论主从 RS 触发器的性能，研究图 8.13 所示的工作波形。尤其注意的是第 6 号时钟周期，此处 R 和 S 受到干扰而有多次变化，但是这些变化只能被主器观察到，对于从器而言由于此时主从通道是切断的(从器没有满足时钟条件)，因而是透明的。从器只认为主器关门前最后时刻的输入为有效输入，这个有效输入是唯一的，因而从器的变化也是唯一的，从而解决空翻现象。

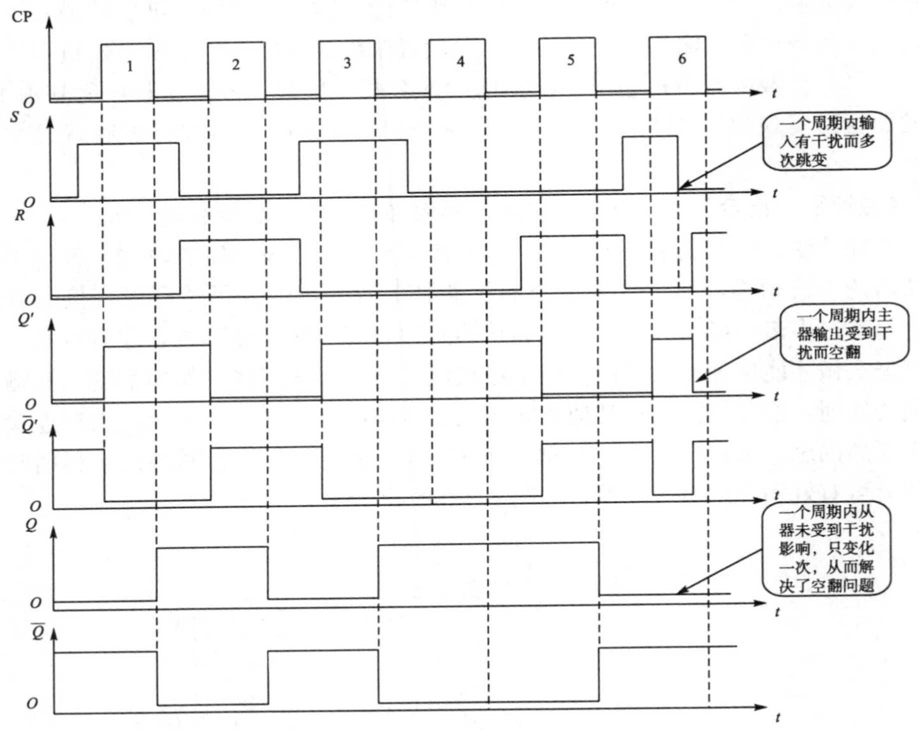

图 8.13 主从 RS 触发器的动作特点

进一步地，为了比较进化的路线及其进化效果，从基本 RS 触发器到同步 RS 触发器再到主从 RS 触发器的迭代进化如图 8.14 所示。

从图中可以看出，主从 RS 触发器保留了同步 RS 触发器的时钟结构，但通过两级同步 RS 触发器的时钟反向控制实现了控制方式从选通控制到主从控制的进化，从输入到改变输出需要观察一个完整周期，因此，触发方式也由电平触发进化到了脉冲触发。与其说这是结构的进化，不如说是触发方式的进化，从而在性能上跟同步 RS 触发器区分开来。

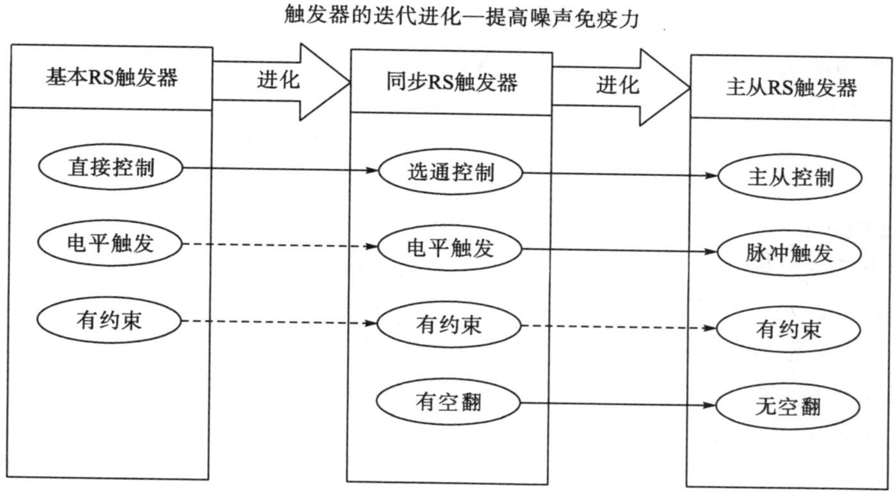

图 8.14　同步 RS 触发器到主从 RS 触发器的进化

①主从 RS 触发器采用主从控制结构，从根本上解决了输入信号直接控制的问题。在 CP=1 期间接收输入信号，CP 下降沿到来时触发从器翻转。在 CP 的一个变化周期中触发器输出端的状态只可能改变一次。

②主从触发器的翻转是在 CP 由 1 变 0 时刻(CP 下降沿)发生的，CP 一旦变为 0 后，主触发器被封锁，其状态不再受 R、S 影响，故主从触发器对输入信号的敏感时间大大缩短，只在 CP 由 1 变 0 的时刻触发翻转，因此不会有空翻现象。

③因为主器仍是一个同步 RS 触发器，所以存在固有的空翻现象。

④仍然存在着约束问题。即在 CP=1 期间，输入信号 R 和 S 不能同时有效。

3)从主从 RS 触发器到主从 JK 触发器的进化

(1)技术路线。

如何解决约束问题？什么是约束？工程师能对输入施加某种约束或假设吗？从工程思维看要解决一个问题必须明确：问题是什么现象？现象背后是什么问题？问题的性质和根源是什么？问题得以解决的评判标准是什么？以现象、问题、标准三要素为出发点构思技术路线是行之有效的工程方法。

教师活动：输入约束是一种什么现象？

学生活动：R 和 S 同为 1 时输出不定态。

教师活动：现象背后是什么问题？问题的性质和根源是什么？

学生活动：就是 R 和 S 同为 1。

……

教师活动：进一步引导，按学生的观点，那评判约束问题得以解决的检验标准又是什么呢？

学生活动：就是不让 R 和 S 同为 1。

……

教师活动：适当点评和点拨。作为设计者你能决定用户给予什么输入吗？生活中有许多输入是非设计者期望的，例如，在计算机软件漏洞挖掘领域，如何构造非软件期望的无效输入或半有效输入恰恰是测试软件是否存在漏洞的关键环节。

【微评】 科研引入教学，将信息安全领域高深的漏洞挖掘进行原理式引入，既切合了当前国家相关政策和技能需要，又形象地解析清楚了输入并不是电路系统设计者、开发者能完成假定的，这种工程认识非常重要。

因此，输入信号可以认为是自由的，设计者往往无法预知和干预，实际实践中也保证不了不让 R 和 S 同为 1。相反，评判约束问题得以解决的检验标准恰恰是“让 R 和 S 同为 1，而输出正常”。

【微评】 工程思维点拨。学生将“现象” R 和 S 同为 1 当成了“问题的本质”，是不对的，将会误导解决问题的方向、思路和技术路线。区分现象和本质是科学研究的问题及方法，学生一定要注意思维的层次和思维的深度。

那现象背后的问题本质到底是什么呢？再一次请学生观察主从结构，因为主器仍为同步结构，根据之前的讨论，为了和时钟同步 R、S 是从缓冲器(G_7、G_8 两个控制门)进入触发器的，而门是二值逻辑的，即不是开就是关。因此，从门的角度看虽然 R 和 S 同为 1，但不一定都能进入到门里来，于是从触发器的观点来理解输入就变成了进来的输入才是有效的，而没有进到门里面的输入(尽管也为 1)却属无效。可见，“R 和 S 同为 1”更本质的提法应该是“R 和 S 同时有效”。从二值逻辑的角度将输入进一步区分为无效输入和有效输入，这比刚才看待现象的方式又进了一步。现在学生能归纳出现象背后问题的本质了吗？是的，并不是因为同时输入 $R=S=1$ 导致不定态，而是 R、S“同时有效”，这才是问题的根源和本质。认清现象背后问题的本质接下来如何解决也就很清楚了。输入可以同时为 1，但不能同时进去。因此，在技术路线上控制 R、S 输入的两道逻辑门在任何时刻都不同时打开即可。具体怎么实现呢？必须有一个第三方信号保证两道接收门一个打开而另一个一定关闭，这在逻辑上就是一个互非的关系，因此需要一对互补信号分别控制两道接收门，这对互补的信号从哪里来呢？

学生活动：讨论，引发创造性思考。

可以增加一个外部信号……

可以设置一个非门产生互补信号……

教师活动：点评并深度提问。如果从外部增加一个新的控制变量不仅会增加成本也会加大电路控制的复杂度，因而不是最优先要考虑的方案。

如果不优先从外部建造一个信号，那么须将目光转向电路的内部，电路里面是否存在可用的一对互补信号呢？是的，触发器的输出就是一对互补信号，可以尝试通过反馈用于对输入门的控制，这就是 JK 触发器的构思过程及结构思想，如图 8.15 所示。

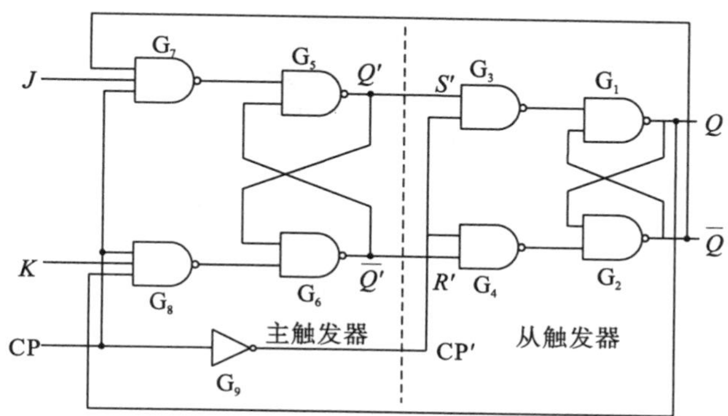

图 8.15 主从 RS 触发器到主从 JK 触发器的进化

进一步从方程角度验证，由于将触发器的输出(Q、$\overline{Q}$)反馈至输入端，在 CP =1 期间使得 $S=J\overline{Q}$，$R=KQ$，即 Q 和 $\overline{Q}$ 与外部输入信号 J、K 共同作为触发器的输入，而 Q 与 $\overline{Q}$ 的状态是互补的，因此，表示为 $RS=0$ 的约束条件不论 J、K 为何种状态均能自动满足，即使 $J=K=1$，但 $J\overline{Q}$ 与 KQ 不可能同为 1，即 $SR=J\overline{Q}\cdot KQ=0$ 为恒等式，R 和 S 因此不再同时有效，所以 JK 触发器不存在 RS 触发器中的不定态问题。由于主从 JK 触发器是依靠自身的结构克服了不定态问题，所以对输入没有了限制，因此，JK 触发器成功解决了约束问题，提高了输入的自由度。

【微评】 教材提供的方案一般是成熟的最优的方案，这种方案是怎么来的？有什么启发意义？优秀的成熟度高的电路方案一般都经过构思、试错、优化等过程，而这个过程本身是一种优秀的样本和素材，教师应该再现科学家的思维过程而不是思维的结果，并将其挖掘出来用于锻炼学生的思维品质。

(2)进化评价。

教师活动：为了便于讨论主从触发器的性能，以主从 D 触发器为例研究图 8.16 所示的工作波形。t_1以后的输出波形如何变化呢？由于输入端总有一个门被封锁，因此，在任何一种输入组合中总有一个输入端是不起作用的，也就是输出有可能只能变化一次，如果这一次输出是因为干扰引起的，那么就算干扰消失回到正常的输入输出再也纠正不过来。因此，当 CP 的下降沿到达时，从触发器的状态并不一定按此时刻输入信号的状态翻转，这就是主从触发器所谓的“一次变化问题”。这是一种不可控的有害现象，因此，主从触发器的抗干扰能力还有待提高。

为此，主从触发器在使用时需要特别注意，只有在 CP=1 的全部时间里输入状态始终未变的条件下，用 CP 的下降沿到达时输入的状态确定触发器的次态才肯定是对的。否则必须考虑 CP=1 期间输入状态的全部变化过程，才能确定 CP 下降沿到达时触发器的次态。

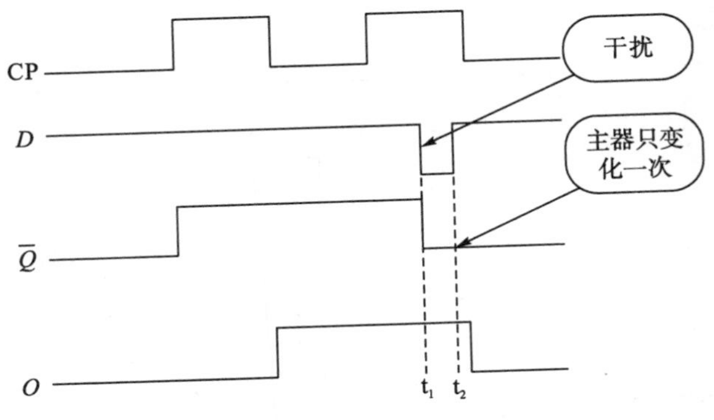

图 8.16　主从 D 触发器的“一次变化问题”

进一步地，为了比较进化的路线及其进化效果，从基本 RS 触发器到同步 RS 触发器到主从 RS 触发器再到主从 JK 触发器的迭代进化如图 8.17 所示。

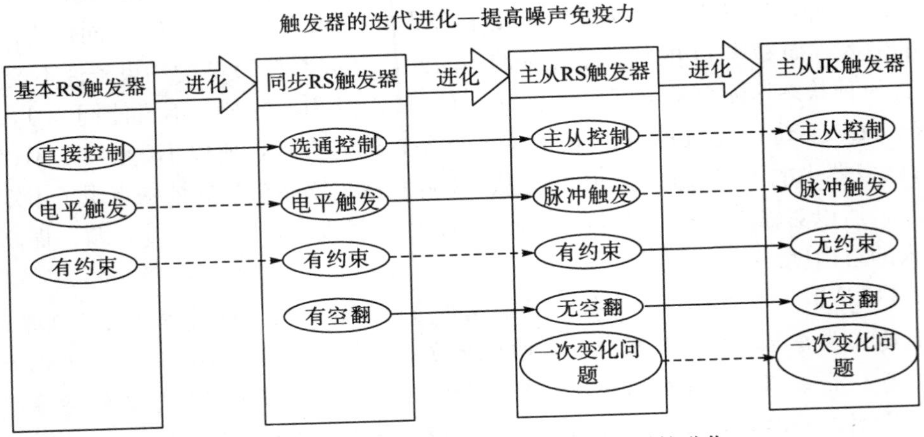

图 8.17　主从 RS 触发器到主从 JK 触发器的进化

从图中可以看出，主从 JK 触发器保留了主从 RS 触发器的基本结构和触发方式，通过互补信号的反馈成功解决了输入端的约束问题。但是却引入一个新的问题，即一次变化问题，因此进化仍要继续。

4)从主从触发器到边沿触发器的进化

(1)技术路线。

教师活动：如何解决一次变化问题？如何克服主器的空翻呢？沿着进化路线已经实现了 4 种类型的触发器，进一步通过迭代过程的归纳和可视化展示，应该能激发出学生猜想、预测的科研素养。因此，开讲前要求学生不要预习，合上课本，一起进行启发式的探究。人类文明的本质在于传承，技术的进步一般都不是跳变式的，树立正确的科技进步观，善于运用继承与发展的辩证关系指导研究实践是非常重要的。请大家推测一下接下来进化出的触发器最有可能是什么样子的呢？回顾一下，从基本到同步引入时钟 CP 是进步，主从结构相比同步结构使得触发方式得到改进也是一种进步，总的来说都是在进步，但为什么主从 JK 还不够好呢？因为进化不彻底。仔细考察主从触发器时间交替分两步走的动作特性，当时钟 CP 从 1 下降到 0 时从器才获得有效输出，因此，事实上从器在触发方式上已经是边沿的了，所以无空翻。但是，主器仍然空翻，这又是为什么呢？因为主器本质上就是一个同步触发器，因而还是电平触发的。可见，是触发方式决定了触发器的动作特性，而且从抗干扰的角度边沿触发比电平触发更具优势。因此，要解决一次变化问题，改进触发器的结构及其触发方式才是根本。基于以上分析，继承优点而克服缺点，学生畅想接下来提出的新型触发器的结构，可以预见在结构上它应该还是主从的，在触发方式上会对主器加以改进，使得主器的接收也是边沿的。这就是边沿结构触发器的研发思想和思维逻辑。

【微评】　这是一种很好的科学探索、创新观、方法论的渗透。触发器的进化背景、电路构思和应用实现都具有启发性，能够充分发挥学生的想象力和创造力，通过讲清结构和触发方式的决定性意义、在系统中的作用、动作特点、分析方法及存在的新问题等，再现新型触发器的获得过程，使得学生虽然学的多是间接知识，但在教学过程中有新发现的感觉，有新发展的自信心，从而模拟出科学家的探索过程，进而激发出学生的求知欲和创造欲，活跃课堂的学术思想。

图 8.18 给出了一种边沿触发的 D 触发器电路结构，该结构仍然由主器和从器构成主从结构，这与预测是一致的。为了解决一次变化问题，压缩主器的时钟，让触发器只接收 CP 触发沿到来前一瞬间的输入信号。

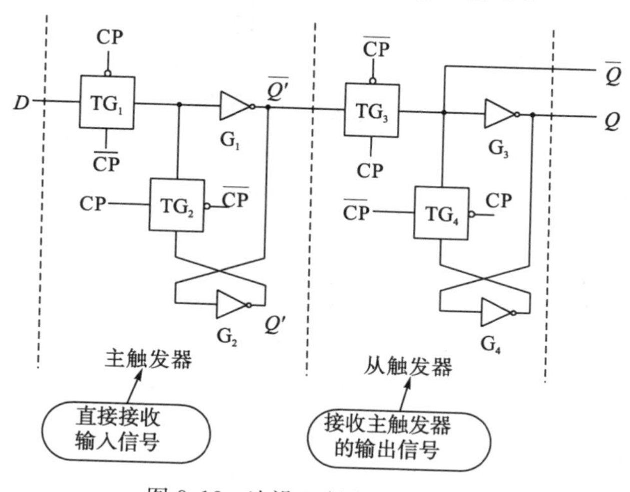

图 8.18　边沿 D 触发器的结构

图中，边沿触发器继承了主从结构，也保留了交叉反馈线，分析的关键是考察 4 个传输门 TG_1、TG_2、TG_3、TG_4 的开与关以及两个交叉反馈结构是否形成。具体分析边沿 D 触发器的动作特点可参考主从触发器的分析步骤，观察一个完整的脉冲周期。

①CP=0 期间。TG_1 导通，主器接收，但因 TG_2 截止使得 G_1、G_2 门未形成交叉反馈而无记忆，因此主器的输出$\overline{Q'}$会随着输入信号 D 的变化而变化。但此时因为 TG_3 截止使得主从通道被切断，所以主器跟随 D 的变化空翻对于从器而言是透明的。又因为 TG_4 导通，G_3、G_4 形成交叉反馈有记忆功能，因而保持历史状态不变，可见，此时主器的输入都是无效的。此阶段的行为可以概括为：主器接收，主从通道切断，从器保持。

②CP 从 0 跳变到 1 这一时刻，即上升边沿。此时 TG_1 截止，拒绝接收新的输入，但 TG_2 导通使得 G_1、G_2 形成了交叉反馈结构，具备对主器关门前最后输入的保持记忆能力。而由于 TG_3 导通使得主器接收的输入能够传送给从器，又因为 TG_4 截止，从器未形成交叉反馈因而是一个组合电路，“当时输入定输出”，此时从器输出有效，$Q=\overline{\overline{Q'}}=D$。此阶段的行为可以概括为：主器拒收，主从通道建立，从器重复。

③CP=1，同 CP 上升沿：主器拒收，从器重复。

④CP 下降沿，同 CP=0：主器接收，从器保持。

可见，一个周期中边沿 D 触发器只在上升沿处接受输入，只在上升沿改变输出，因此，接收与输出均发生在边沿时刻，从而解决了主器空翻以及一次性变化现象，从性能上相比主从触发器又实现了一次巨大的进化。

(2)进化评价。

边沿触发器不仅将触发器的触发翻转控制在 CP 触发沿到来的一瞬间，而且将接收有效输入的时间也控制在 CP 触发沿到来的前一瞬间，在这个触发时间点上输入与输出均是唯一的。因此，边沿触发器既没有空翻现象，也没有一次变化问题，从而大大提高了触发器工作的可靠性和抗干扰能力。

进一步地，为了比较进化的路线及其进化效果，以基本型触发器的电路结构为主线，从控制方式引出同步触发器，由空翻引出主从触发器，由一次变化现象引出边沿触发器。进化过程的触发缘由及逻辑关系如图 8.19 所示。

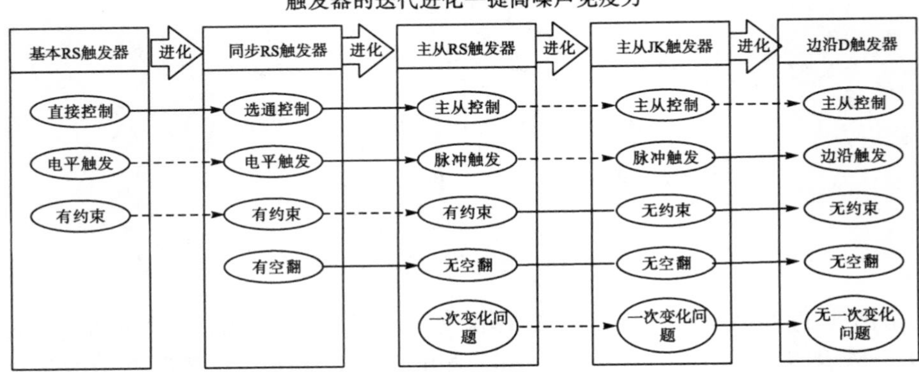

图 8.19 主从型到边沿型的进化

【教学案例 8－3】　分析者角度，差异对比法突破触发器的学习

教学策略：从整体上对触发器的功能、分类及逻辑功能的描述方法作一介绍，其目的是让学生明白时序逻辑电路与组合逻辑电路的根本不同点，更重要的是说明接下来对于每一种触发器的分析都有相同的线索。

教学过程如下。

1）以基本 RS 触发器为蓝本提纲挈领

因为基本 RS 触发器是最简单、最基本的触发器，也是复杂结构触发器的构成基础，所以可以在工作原理上做详细介绍，这样有助于学生对触发器能实现二进制数的存储与记忆这一功能有着比较深刻的认识。从电路结构来看，可以让学生自行观察基本 RS 触发器的电路与以往所接触的电路的差别，即电路中有反馈线。然后再结合与非门的逻辑功能可以得到基本 RS 触发器的工作原理，分别用功能表（特性表）、特性方程、状态图和时序波形图描述出来，最后再总结其特点。在介绍这一种触发器时，一定要将用来描述触发器的几种方法讲清、讲透，可以进一步与组合逻辑电路里的分析方式进行比较。功能表就好比是真值表，特性方程就好比是逻辑函数表达式，状态图和波形图是另外两种辅助的说明方式，其特点是更加直观。在有些教材上，只是简单地用功能表的方式将基本 RS 触发器的逻辑功能作一说明，而把其他的几种方式留在后面几种触发器中提出。这样容易使学生在学习后面几种触发器时有较大困难，因为本来后面的触发器从功能上来讲就更复杂一些，再突然来这么多的描述方式，接受起来就会很吃力。

2）对比教学法串联后续触发器

有了基本 RS 触发器的基础，接下来的几种触发器（同步 RS 触发器、JK 触发器、D 触发器等）都可以按照相同的思路介绍。即一是电路结构；二是逻辑功能：包括①功能表，②特性方程，③状态图，④波形图；三是特点。但是在介绍的过程中，要注意侧重点的把握。对于后几种触发器，工作原理都可以略讲，而重点是让学生认识各种触发器的逻辑符号，掌握其逻辑功能。最后在“触发器逻辑功能的转换”一节上重点从特征方程的角度来介绍如何利用现有的触发器转换为所需要的触发器。这样安排教学方案，就舍去那些烦锁的原理分析，让学生把注意力集中到有用的且容易接受的内容上来。在按相同的线索对各种触发器进行介绍后，应总结出其共同点与不同点，这样可避免学生囫囵吞枣的现象。

运用对比教学法比较、归纳不同类触发器之间的细微区别，掌握各种触发器的优缺点。在教学中，对某些容易混淆的知识，可通过相互比较，加强理解、区分和记忆，从而降低学习的难度，使学生对这些难以掌握的知识有清晰的认识。如：①同步 RS 触发器存在状态不定和空翻，主从 RS 触发器克服了空翻，JK 触发器的性能比主从 RS 触发器更完美、更优良，它不但消除了空翻现象，同时也解决了 RS 触发器存在的状态不定的问题，应用更加广泛。②主从触发器属于脉冲触发，边沿触发器是脉冲边沿触发，主从触发器和边沿触发器的触发翻转虽然都发生在脉冲跳变时，但对加入输入信号的时间要求有所不同。以下降沿触发为例，对于主从触发器，输入信号必须在上升沿到来前加入，而边沿触发器可以在触发沿到来前夕(只要满足建立时间)加入。③将 JK、RS、T 三种类型触发器的特性表比较一下不难看出，JK 触发器的功能最强，它包含了 RS 和 T 触发器的所有逻辑功能，在需要使用 RS 和 T 触发器的场合可以用 JK 来代替，因此，目前生产的时钟控制触发器定型产品中只有 JK 和 D 这两大类触发器。④不同器件有着不同的特定功能和使用方法。了解各类触发器的功能类型、外部特性与实际应用方法，就给器件选择提供了一个大概方向，就能进一步明确自己要实现的功能目标，即如何应用新选器件来满足既定的功能要求，特别是如何巧妙地使用新选器件。

(改编自文献[9]：《数字电路》中的难点——触发器的分析与突破 苟亚男)

8.3.3 触发器作图方法的教学建议

课堂模式：案例教学。

教学目标如下。

(1)方法：归纳与演绎。

(2)观念：工程观。

(3)语言：相关口诀等。

(4)情感：作品欣赏与评价。

教学内容分析：本部分作为程序性知识，基本上无二次创新的空间，因此，无须进行探究式教学，建议采用案例教学法，帮助学生归纳掌握作图的系统思维及其技巧，在手段上可以总结出一些口诀或提炼出排比式的原则、方法供学生朗诵，作者多年的教学经验发现学生对此类归纳总结非常有兴趣，而且会积极主动的做笔记，如此可以一定程度上增加教与学的乐趣。

教师活动：

(1)关于时序与组合描述方式对比的口诀。

> 组合逻辑一张表(真值表)
> 时序逻辑一张图(状态图)

组合电路无记忆，输出与输入的关系可映射为一张一维表格，即真值表。而时序电路状态的迁移实际就是触发器(组)的状态按照一定顺序组成的向量(码)，其功能和行为就反映在状态的变化规律上，其核心就是一张状态转换图。

(2)关于作图知识结构的口诀

> 功能定义为根本(基础)
> 特性方程要熟记(功能)
> 动作特点要分清(结构)
> 时序作图要掌握(应用)

(3)关于触发器电路类型判别的口诀。

> 识别符号、分清信号
> 多级级联、识别反馈
> 异同并存、异步优先

(4)关于时序特性的口诀

> 对应性：输入要和时钟CP对应，输出要与触发信号对应。
> 分界性：新态与旧态以触发时刻为界，触发信号到来之前为旧态，之后为新态。
> 相对性：新旧的相对性，此时的新态又是下一时刻的旧态。

(5)关于时序作图步骤的口诀。

> 识别功能，导出方程：表达功能看同步，现场初始看异步。
> 识别结构，导出触发方式。
> 识别有无异步信号，异同并存异步优先。
> 识别时钟是否到来，有时钟代方程，无时钟就保持。
> 识别信号的功能，置0或置1。
> 识别信号的有效形式，或0有效或1有效。
> 识别是否满足约束条件，有约束不定态，无约束代方程。

【例8.2】 识别功能，导出方程。

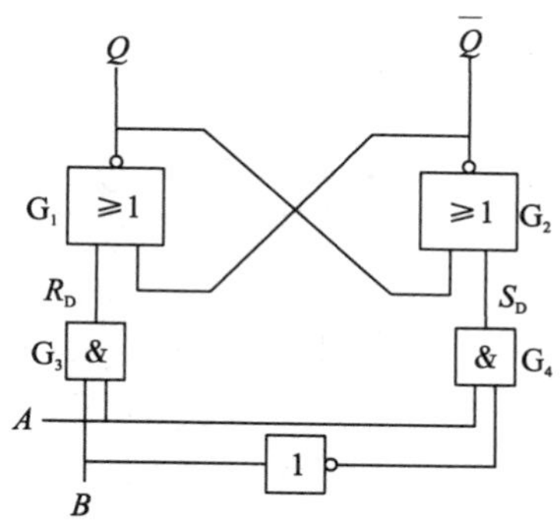

图8.20 例8.2电路结构

解 对于给定电路结构的作图，除了常规的过程分析，更为重要的是要识别结构推理功能。如图 8.20 所示，G_1、G_2 交叉反馈构成了电路的核心，据此可以判定出该电路是一个由或非门构成的基本 RS 触发器，其输入端分别为 R_D，S_D（熟记基本 RS 的结构），是电平触发方式。接下来还需要进一步识别出信号的类型，A、B 的身份及功能是什么呢？因为信号 A 同时作用于 G_3、G_4 门，控制作用较强，优先分析：$A=0$，门 G_3、G_4 被封锁，拒绝接收信号 B，整个触发器处于保持态，即 $Q^{n+1}=Q^n$；$A=1$，门 G_3、G_4 被打开，开始接收信号 B。

可见，在逻辑电路中 A 充当时钟信号 CP 的角色，当 CP 有效即为“1”时，有 $R_D=\text{CP}\cdot B=1\cdot B=B$，$S_D=\text{CP}\cdot\overline{B}=1\cdot\overline{B}=\overline{B}$，代入方程得：$Q^{n+1}=S+\overline{R}Q^n=\overline{B}+\overline{B}\overline{D}=\overline{B}$，可见该触发器电路实质是一个 T′触发器，表达的是翻转功能。相应波形图如图 8.21 所示。

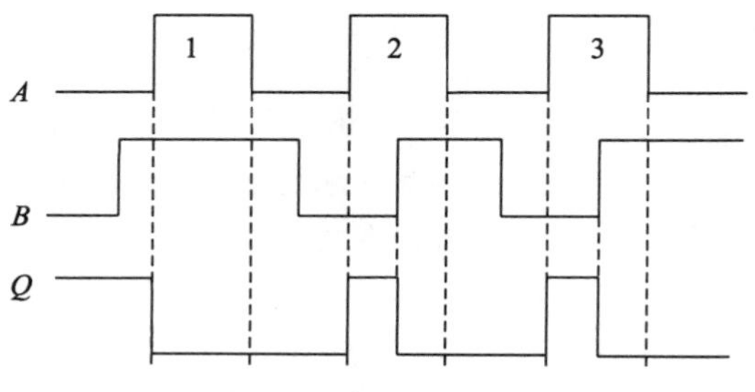

图 8.21 例 8.2 波形图

【例 8.3】 符号加门电路。

解 如图 8.22 所示，其思路是识别符号(RS 边沿触发器)，导出方程。考虑逻辑门对触发器输入的改造作用，写出对应的驱动方程：

$$S=A\oplus Q^n,\ R=\overline{S}=\overline{A\oplus Q^n}$$

代入 RS 触发器的特性方程：

$$\begin{aligned}Q^{n+1}&=S+\overline{R}Q^n\text{（CP 上升沿有效）}\\&=A\oplus Q^n+(A\oplus Q^n)Q^n\quad\text{（一项为另一项的因子，吸收法）}\\&=A\oplus Q^n\quad\text{（启发：加上门电路实际上构成了 T 触发器）}\end{aligned}$$

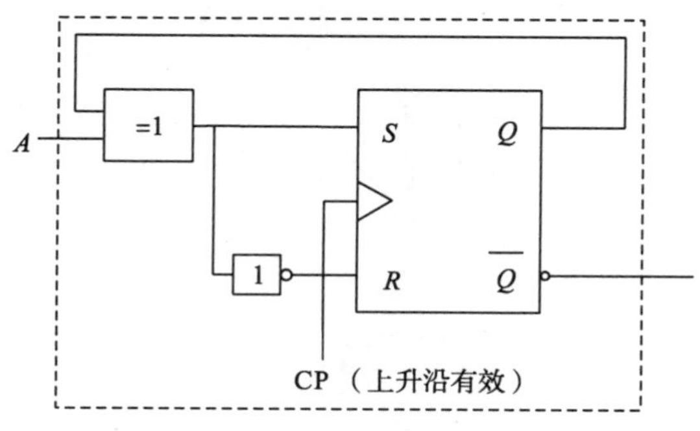

图 8.22 例 8.3 电路结构

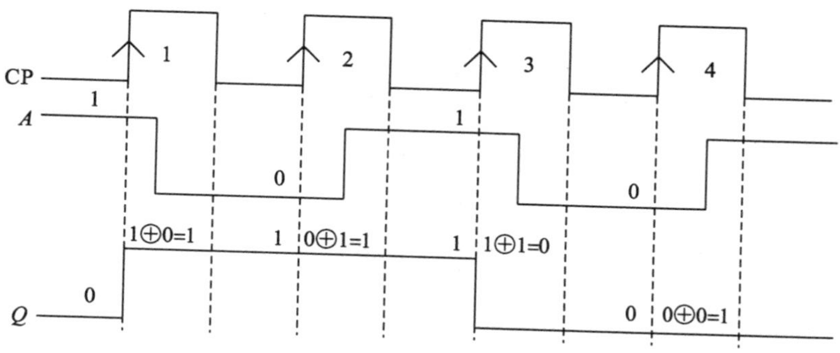

图 8.23 例 8.3 波形图

【例 8.4】 多级级联，识别反馈。

解 如图 8.24 所示，本题为级间无反馈的情况，先求出每一级的方程。

$Q_1^{n+1}=D=\overline{Q_1^n}$，CP 上升沿时翻转

$Q_2^{n+1}=D=\overline{Q_2^n}$，CP=$Q_1$ 上升沿时翻转

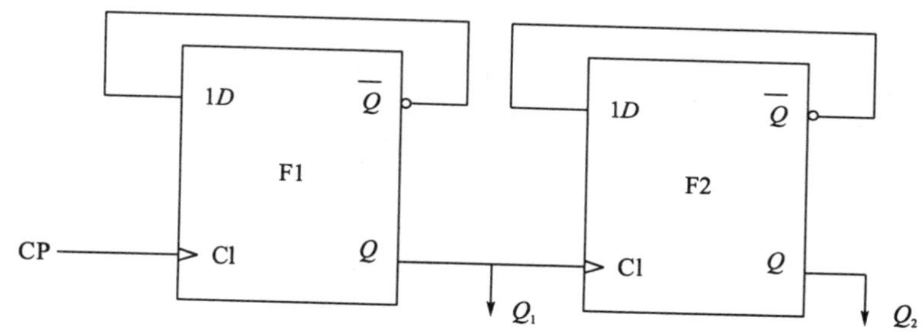

图 8.24 例 8.4 电路结构图

识别反馈：级间无反馈，时序波形可逐级画，如图 8.25 所示。

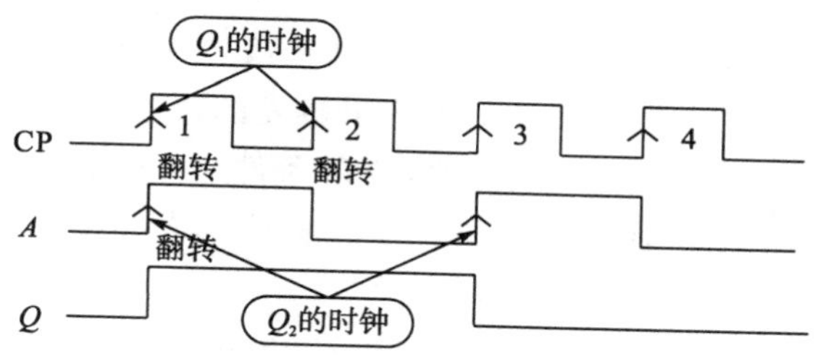

图 8.25 例 8.4 波形图

【例 8.5】 多级级联，识别反馈。

解 如图 8.26 所示，本题为级间有反馈的情况，仍然先求出每一级的方程。

$Q_1^{n+1}=D=\overline{Q_2^n}$，CP 下降沿

$Q_2^{n+1}=D=\overline{Q_1^n}$，CP 下降沿

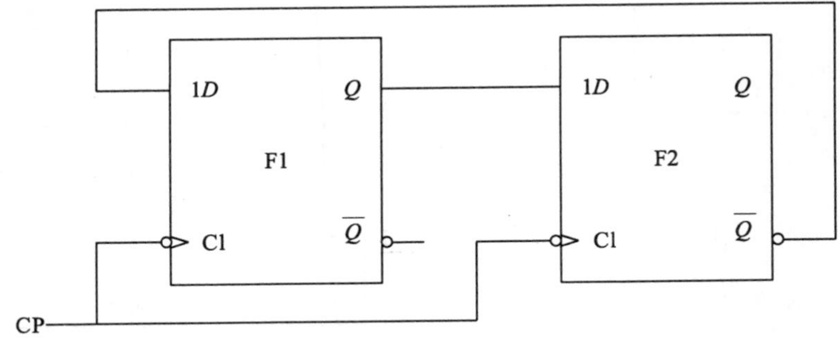

图 8.26 例 8.5 电路结构

识别反馈：级间有反馈，因为每个触发器都有延迟时间，因而所有的反馈都是历史状态的反馈，两级触发器的作图须按 CP 周期交替画。设初态为 0，如图 8.27 所示。

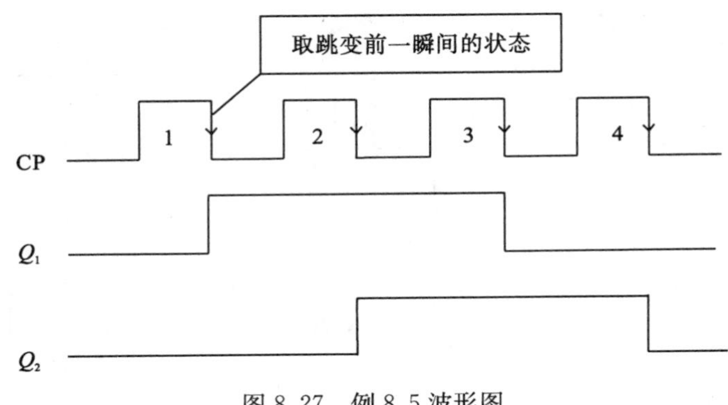

图 8.27 例 8.5 波形图

【例 8.6】 异同并存，异步优先。

解 如图 8.28 所示，先识别符号，看同步信号，图中 S、R 为异步端，而 A 为同步端，因而是一个带异步端的下降沿触发的边沿 D 触发器，进而可以写成相应的方程：$Q^{n+1}=D=A$，该方程成立的条件是 CP 下降沿有效，且当 R_D，S_D 无效时，$S_D=B$，$R_D=\bar{B}$，为异步信号，根据“异同并存，异步优先”的原则，有

$$\left.\begin{array}{l}B=1,\ S_D=1,\ R_D=0,\ Q^{n+1}=1\quad \text{异步置 1}\\ B=0,\ S_D=0,\ R_D=1,\ Q^{n+1}=0\quad \text{异步置 0}\end{array}\right\}Q^{n+1}=B$$

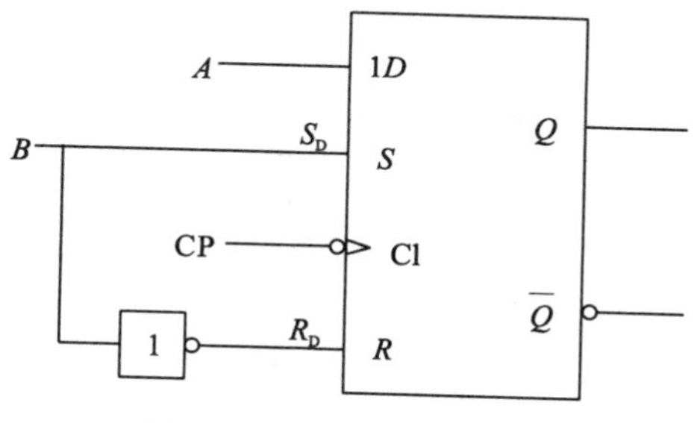

图 8.28　例 8.6 电路结构

此题在画波形时，因异端信号总有一个有效，因而同步信号不起作用，不能按时钟 CP 去画波形，如图 8.29 所示。

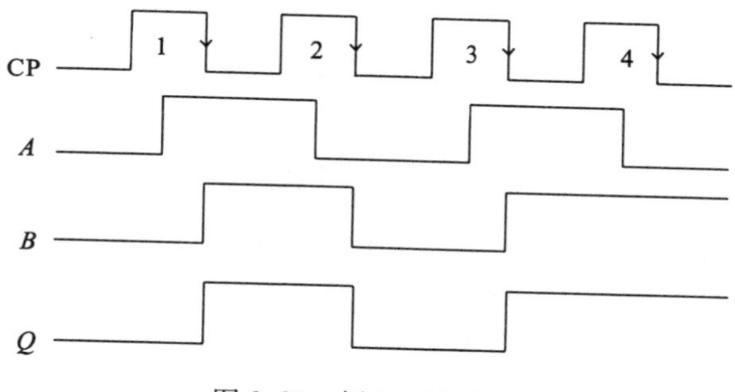

图 8.29　例 8.6 波形图

【例 8.7】　异同并存，异步优先。

解　如图 8.30 所示，本题具有工程意义，描述了一个实际的工作场景及其器件使用方法，流程如下：

(1)初态的判定及描述：题目中并未给定触发器的历史状态，需要自行判定。因为触发器对称式的交叉反馈结构，使得上电后触发器的输出是随机的，而这也是要设置异步信号进行初始化的原因之一。因为原态未知，因而可为 0 或为 1，用虚线表示。

(2)初始化：将未知的历史状态设置为期望的初态，图中$\overline{R_D}=0$将初态设置为 0。

(3)解除异步信号：因为“异同并存，异步优先”，完成初始化后应将异步信号置为无效。

(4)加载同步信号：同步信号在 CP 的节拍下表达器件的功能。

【评注】　硬件电路的这个使用流程非常相似于编程语言(如 C 语言)中对变量的使用，首先要声明一个变量，紧接着需要对该变量进行初始化，然后该变量才能参与循环等算法过程。教师可利用该题知识进行学科交叉和跨界。

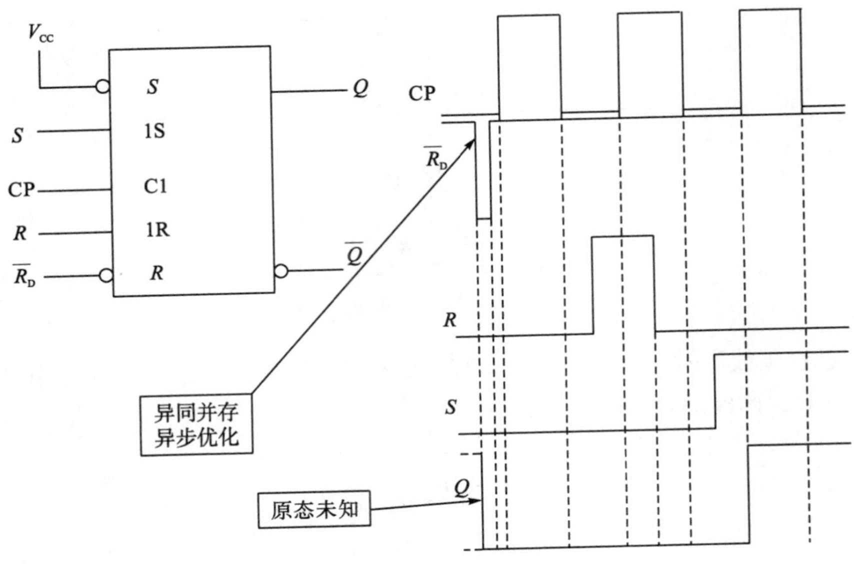

图 8.30　例 8.7 波形图

虽然本章从多个角度总结了触发器作图的方法和技巧，但是触发器作图的根本应该是特性方程。由于触发器有时钟信号、同步信号、异步信号等多类型信号，各信号之间还有竞争优先关系，因此用一个方程描述是不够的，信号之间的关系和动作方式须用一个方程组来加以刻画。为了让学生从数学上对触发器的动作行为有一个全面的认识和整体的把握，下面以一个带异步端的高电平有效的同步 RS 触发器为例，其完整的方程组如下：

$$
\begin{cases}
Q^{n+1}=0 & \overline{S_D}=1,\ \overline{R_D}=0 \quad \text{异步置 0} \\
Q^{n+1}=1 & \overline{S_D}=0,\ \overline{R_D}=1 \quad \text{异步置 1} \\
Q^{n+1}=\text{不定态} & \overline{S_D}=\overline{R_D}=0
\end{cases}\text{异同并存，异步优先}
$$

$$
\begin{cases}
Q^{n+1}=Q^n & \overline{S_D}=\overline{R_D}=1,\ CP=0 \quad \text{无时钟就保持} \\
Q^{n+1}=S+\overline{R}Q^n & \overline{S_D}=\overline{R_D}=1,\ CP=0 \quad \text{有时钟就代方程} \\
 & \qquad \text{（满足约束条件，互补输出）} \\
Q^{n+1}=\text{不定态} & \overline{S_D}=\overline{R_D}=1,\ CP=0,\ S=R=1 \quad \text{有时钟看同步} \\
 & \qquad \text{（不满足约束条件，不定态）}
\end{cases}
$$

8.3.4　结构和功能关系的教学建议

课堂模式：翻转课堂教学。

教学目标如下。

(1)方法：辩证思维。

（2）观念：哲学观。

（3）语言：同一性、多样性等。

（4）情感：结构与功能的和谐之美。

教学内容分析：前面的触发器进化案例是以电路的组成结构（触发方式）为主线，以逻辑功能为落脚点。对于触发器，需要从三个维度加以认识和利用，即逻辑功能、电路结构以及触发方式。电路结构、触发方式和逻辑功能是三个不同的概念，相互联系又相互区别，之间并没有固定的对应关系。本节知识较为抽象，但结构与功能的关系在生活中有很多实例，故可采用翻转课堂教学法由学生主导辩论过程。

教师活动：现象描述与归纳。同一种逻辑功能的触发器，可以用不同的电路结构来实现，如JK触发器有主从结构，也有边沿触发结构。反过来，用同一种电路结构形式，可以构成不同逻辑功能的触发器。如主从结构触发器和边沿触发器，既可以组成D触发器，也可组成RS、JK、T、T′等类型的触发器。电路结构同触发方式之间也没有固定的对应关系，如主从JK触发器和主从D触发器既有负边沿触发方式，又有正边沿触发方式。

学生活动：举例说明其他领域或生活中结构与功能的关系及其反例，方式有两种，一是辩论法，采用正方、反方的方式。二是论文法，学生通过课后的资料研读写成小论文。

教师活动：认识论点拨。不同的电路结构决定了触发器具有不同的触发方式，认识结构是为了把握其动作特点，即触发方式，以便于更好地理解逻辑功能；理解功能是为了掌握触发器的输出与输入信号之间的逻辑关系，以便于正确地加以运用。结构与功能的关系到底怎么理解，是否具有同一性？这些现象可能让学生感到迷惑，教师可从结构与功能的哲学关系，联系人工智能的前沿观点加以提升。例如，当前人工智能分为两派，即强人工智能派和弱人工智能派，两者的分歧根源在哪里呢？依然是结构和功能之间的辩证关系。一种认为结构与功能具有同一性，智慧是对应于生物神经网络结构的特有功能，因而认为计算机不可能产生类人智慧，此为弱人工智能派的核心观点。相反的，认为结构与功能没有同一性，智慧不必依赖特定的生物神经网络结构，其他结构包括计算机网络结构也能产生智慧，此为强人工智能派的核心观点。

【微评】　值得强调的是，科技及思想进步是无止境的，过程中存在争议是合理的也是必需的。教师在课堂不应该只讲有定论的东西，更重要的是启发思考、引导创新、传授方法及给出建议。因此，结构与功能的关系既然在人工智能哲学界都存在分歧，而人工智能是当今科技的明星领域，应该利用好这个话题引导学生深入研讨甚至毕业后进入人工智能产业领域，这应该是好的课堂追求的效果。

8.3.5 触发方式的探讨教学建议

课堂模式：启发式教学、科研教学。

教学目标：

(1)方法：科研方法。

(2)观念：伦理道德观。

(3)语言：触发方式、触发条件等。

(4)情感：电路作品欣赏与人文情怀。

教学内容分析：学生认识了触发器的多种触发方式，事实上，触发条件、触发方式不是本课程独有的概念，其他学科甚至社会领域同样定义了多种多样的触发方式，因而讲授该节内容时可以把触发方式发散、泛化，使得学生通过本节内容形成相关知识和技能的迁移能力。此部分内容建议采用启发式和科研教学法进行知识延拓和能力迁移。下面给出一种科研中利用触发方式的案例。

教师活动：对触发器触发方式进行归纳总结，分为三类，即电平触发、主从触发和边沿触发。每种触发方式的作用时间、位置、方式如图 8.31 所示。

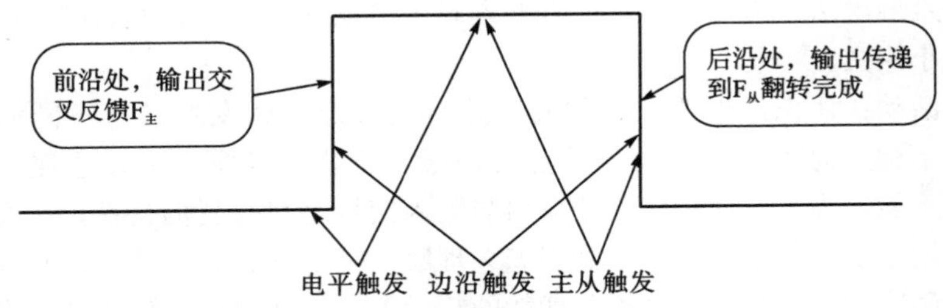

图 8.31 触发器中的触发方式

电平触发：电平触发主要有基本型和同步型，在触发电平或时钟电平有效期间，输出随输入而改变，包括 CP=1 有效或 CP=0 有效。

主从触发：CP=1 期间，主器从输入接收数据，而从器处于封锁状态，触发器状态保持不变。在此期间输入不允许变化，否则可能产生一次变化现象，触发器不能保持应有的功能。CP=0 期间，从器接受主器传送过来的数据，触发器输出，这期间主器封锁，对输入的变化不敏感，不会空翻。

边沿触发：只在边沿接收和输出，有边沿就接受输入并输出，无边沿就保持不变。边沿形式包括上升沿触发或下降沿触发。

【教学案例 8-4】 科研课题中的触发方式

选择恰当的科研课题非常重要。为了进一步帮助学生理解触发方式及其应用，结合作者长期承担网络安全类科研项目的课题特点，选择了硬件木马

(hardware trojan)及其检测方法作为案例课题并进行了适当的简化以满足教学需要。网络安全是一种思维和技术对抗，是近几年国家大力提倡的研究，其本身无论从技术还是案例都对大学生非常有吸引力，并且从博弈的角度往往更能理解技术的本质并触发思维创新。

教师活动：介绍课题背景。硬件木马是指在原有的目标硬件电路上植入具有恶意功能的冗余电路。硬件木马电路一般由两个部分构成：触发电路和有效载荷。有效载荷是木马触发后发挥攻击功能的电路模块，包括改变电路原有功能、泄露机密信息、降低系统性能甚至物理摧毁。而触发电路是木马电路的激活机制，其触发方式分为内部触发和外部触发。内部触发依赖于芯片内部的事件，如特定时间或状态；外部触发依赖芯片外部的信号输入，如特定的二进制序列。

学生活动：对抗性组队，分别组建硬件木马构建小组和硬件木马检测小组。

图 8.32　科研课题分组

教师活动：对比数字电路中的触发方式，数字型硬件木马的触发方式也有组合触发、时序触发、模数混合触发等多种，其原理分别介绍如下。

(1)组合触发：木马工作电路中不含寄存器电路，输出功能完全取决于输入信号，图 8.33 是一种有代表性的组合型硬件木马。当芯片引脚上的信号[a，b，c，d，e，f]为 101011 时触发硬件木马，通过异或门改变芯片本身的信号输出 ER 为 ER^*。

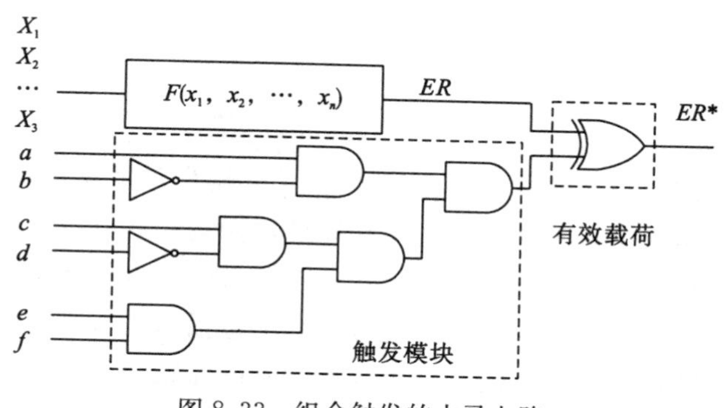

图 8.33　组合触发的木马电路

(2)时序触发：硬件电路中含有寄存器，其状态的变化受时钟和输入信号的控制，输出不仅与输入有关，而且与系统内部的状态有关。时序电路内部状态机存在隐藏状态、冗余状态和孤立状态，触发条件的隐蔽性较强，可对电路节点的逻辑值产生影响，或改变存储单元的值。图 8.34 中电路由时钟信号 CLK 触发计数，每当计数结果等于预先设定的触发值 11...11 时(该值由攻击者设定)，与门会输出高电平，再通过异或门，改变了电路正常工作的逻辑，木马电路发挥作用。

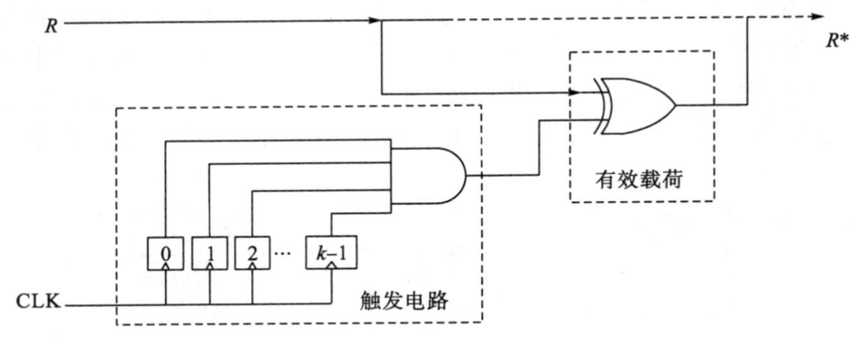

图 8.34 时序触发的木马电路

(3)模数混合触发：图 8.35 为基于逻辑值触发的模拟木马电路。其触发电路由一个接地的电阻和电容构成的充放电回路承担，数字量 q_1、q_2四种组合中仅当 $q_1=q_2=1$ 时电容充电，其余情况则放电。电容在充放电过程中采样得到的电压形成逻辑值，进而改变电路输出的路径实现功能载荷的触发。

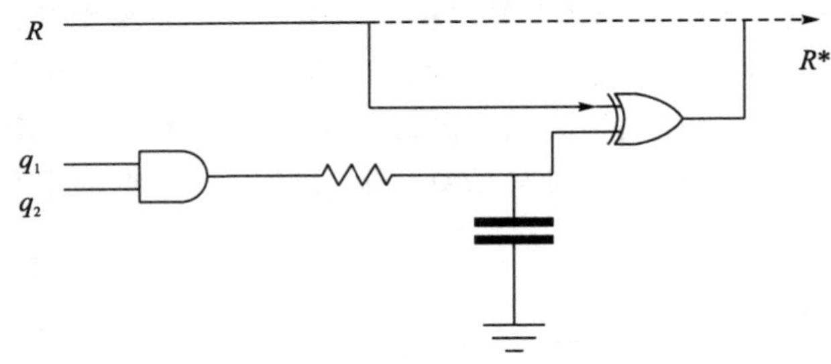

图 8.35 混合型电路结构

学生活动：课堂外，硬件木马构建小组创新触发方式及触发条件，相应地，硬件木马检测小组根据触发条件的类型和原理，探索建立触发条件检测模型、设计全逻辑的触发扫描电路。双方进行技术博弈并形成报告在课堂中做专题分享。

教师活动：对触发方式及其应用进行点评，包括木马行为的道德评价，激发学生进一步的探究欲望，合适的学生可以到教师的课题组中进一步锻炼。

第 9 章　计数器的教学研究与案例

9.1　知识矩阵与教学目标

本章以计数器中进制的本质、任意进制改造的思想、模型及新型任意进制探究等几个关键知识点为载体，挖掘该知识点所能承载的思维要素具体内容，进而案例化展示如何通过特定教学手法达成建构学生思维要素的教学目标，如表 9.1 所示。

表 9.1　用于思维方式建构的计数器教学知识点

知识模块	知识点	知识类型	学生思维要素建构				教学法
			观念	情感	语言	方法	
任意进制的设计	进制的本质及其模型	概念性	技术哲学观	模型之美	循环、有效状态、模等	数学建模法	启发式探究式
	任意进制的设计思想及设计步骤	概念性设计性	工程观	设计者的角色认同感	拆线搭桥等	模型分析法	探究式
	新型任意进制的探索	设计性	工程观	技术产生价值的成就感	多跳、非自然循环等	科研法	科研式案例式

9.2　重难点分析及讲授方法建议

本节知识点是课程的重点，也是课程又一次“让技术产生价值”的设计性知识和技能。本节涉及进制的相关知识，这在教材前面已经教授了十进制、二进制、八进制、十六进制等，并且也归纳了组成进制的 4 个要素：进位制、基数、系数和位权。关于进制由于是在教材的开篇，学生的热情、精力和积极性都比较高，且从教材总体的角度这部分比较简单，因而普遍学生都认为这部分好学也掌握得很好。然而，之前是将进制作为一种程序性知识，从介绍一种新事物的角度让学生了解和使用二进制，处理得比较好的教师可能会从进制的要素出发推导出二进制，但都是一种理解和应用的正向思维，而到了本节，需要学生去建构、创造一种进制，甚至要突破传统的进制概念，此时对学生知识素养、工程能力的要求相比二进制一章是质的变化。

任意进制的改造需求是多方面的，然而绝大部分教材都将“任意”片面地解读为“模任意”，这是不够的。因此，教师在讲授这部分知识时应该首先讨论进制的本质是什么？从本质出发理解在形式上可以有哪些“任意”？然后才是如何实现这些“任意”？各种实现方法又有什么不同？在设计思想上有什么差异及注意事项？科研中和实践中还存在哪些新颖的思路及新型的应用？教材中虽然介绍了任意进制设计的思路和原理，也只是讲明白了这样做能行，然而并没有讨论科学家当初是怎么想到这样做的(教师补充这个环节，再现科学研究科学发现之过程，作为理想的样板素材影响学生的思维品质)。也没有从智慧的基本结构角度讲清楚反馈思想及其普适价值，所学知识和思维仍然局限于学科内部细节，学生不能形成知识和技能的有效迁移。

9.3 教学设计样例及点评

9.3.1 进制的本质的教学建议

课堂模式：探究式、启发式教学。

教学目标如下。

(1)方法：数学建模法。

(2)观念：技术哲学观，反馈思想，工程意识。

(3)语言：数、量、进制、计数体制、计数状态、计数循环、计数方向、可逆计数器、可控计数器、变模计数器。

(4)情感：模型之美。

教学内容分析：任意进制改造的结果仍然是一种进制，因而本节涉及进制的相关知识，这在教材前面已经进行了讲授，如十进制、二进制、八进制、十六进制等，并且也归纳了组成进制的4个要素：进位制、基数、系数和位权。学生一般对这部分知识是比较自信的，教师不妨利用学生的心理适度进行挫折教育，例如，让学生讨论并尝试归纳进制的本质。为此可以开展探究式和启发式相结合的教学模式。

教学过程如下。

1)知识回顾

教师活动：从正向进行归纳，正向是陈述式的，描述世界或事物是怎么样的，训练学生的归纳能力，如请学生回答：进制有哪些？进制如何转换？构成进制的要素有哪些？这些要素分别是什么含义？

学生活动：讨论并回答(略)。

2)提出问题

从反向进行思考，反向是反问质疑式的，探究世界或事物为什么是这样的？还可以有其他方式吗(创新)？

教师活动：教师进行启发式的提问，引发学生深层次思考。例如，为什么有那么多形形色色的进制？一种计数方式能否成为进制的充要条件是什么？是什么规定了进制的形式？

学生活动：因为不同进制适用场合不一样……

满足四要素就行……

重复使用……

教师活动：回归法，从溯源的角度理清几个概念的区别和联系，量、数、计数方式以及进制，并因此获得启发：数是客观事物的“量”在人脑中的反应。量是客观存在的，不以人的意志为转移，而“数”作为人脑的一种主观意识，其形式可以是多样性的，有多种多样不同的计数方式，如结绳计数、位置计数、进制计数等。然而，客观世界的量是无穷大的，人们不可能用无穷多个计数符号去和量一一对应，那怎么办呢？受限于大脑局限性和信息沟通的便利性，人们只能记忆、加工有限个计数符号，而用有限个符号统计无穷的量的方法就是进制，进制只是计数方式中的一种，区别于其他的计数方式的是，“用有限表达无限”，这就是进制的本质。进一步说，有限如何能表达无限？消除这对矛盾的方法就是循环利用，计数符号有限但循环次数可以无限，因此，进制在形式上必然是一个闭合的循环。基于进制本质、形式和定义的探究，可以对进制进行最大程度的运用、改造以及创新创造，需要探究的核心问题如下。

- 进制
  - 本质：有限表达无限
  - 形式：闭合循环
    - 起点终点问题：有绝对的起终点吗？
    - 方向问题：有向？单向？
    - 相邻计数状态：有无必然的数量关系？
    - 进位标志：什么信号？哪种触发方式？
  - 定义：循环内有几个状态就是几进制吗？
    - 有效计数状态
    - 无效过滤状态

以上所列的问题都是在科学研究以及设计实践活动中会涉及的问题，仍有创新的空间，相关创新方向将在 9.3.2 小节专题讨论。区分有效状态和过渡状态是理解上的一个难点，不容易讲清楚。从过程的角度看，有效状态和过渡状态都会出现在循环中，但从作用及计数效果的角度看，过渡状态不计入模的定义。教师可以从以下两个方面加以阐释。

(1)回归定义法：什么是有效状态？计数器实际上是对时钟 CP 的数量进行统计，其手段是通过状态及其迁移关系来实现，这里的一个数量单位“1”对应的就是CP的一个周期，也就是说，如果某个状态能够稳定占用一个CP周期就能表达数量上的一个单位“1”，这样的状态就是有效的计数状态，反之，某个状态存在的时间很短，不能稳定存在一个CP周期则不能表达一个数量单位“1”，这样的状态就是过渡状态。可见，从定义上看，区分状态是否有效的关键是看改变状态是否能够表达数量上“1”的概念。一个CP周期表达一个“1”而不是一个状态表达“1”，这就是透过现象看本质，教师一定要给学生把这个道理讲明白。

(2)仿真演示法：异步信号导致过渡状态的存在。过渡状态存在的时间很短，主要取决于门的延迟时间，可通过Quartus Ⅱ等软件展示。另外，也可通过Multisim软件实际运行可视化呈现，通过CP个数与数码管显示值的一一对应，学生可直观看到过渡状态在视觉上是不出现的，从而加深了对有效状态定义的理解，也为后续任意进制的设计打下良好的铺垫。

教学点评：教学实践表明，以上模型的提出对学生的思维方式、认知水平、创新思路、科研热情都有着极大的帮助，这在作者参与全国各类电子设计竞赛以及参与教师的相关科研课题中都发挥出了应有的效果。

9.3.2 任意进制的设计思想及设计步骤的教学建议

课堂模式：探究式教学。

教学目标如下。

(1)方法：模型分析方法。

(2)观念：工程观。

(3)语言：拆线搭桥、计数状态、过渡状态、反馈法等。

(4)情感：数字电路设计师的角色认同感，作品欣赏与评价。

教学内容分析：计数器作为最重要的时序部件，应用极其广泛，教师处理本节知识点时一定要基于教材并面向工程实践，任意进制的改造需求是多方面的，引导学生进行适当的创新性设计。创新可以思维发散，但须收敛于对进制本质、形式、定义的溯源探究。教材上介绍了反馈法进行任意进制改造的原理和步骤，教师除了点拨反馈法的注意事项(如同步和异步方式的区别)外，需要学生去建构、创造一种进制，甚至要突破传统的进制概念，本节需要采用归纳法对任意进制的设计思想、方法论模型进行讨论以便进一步提升思维深度。

另外，本节知识作为建构学生思维方式的优秀载体最大的优势是出现了电路智能的现象，这是其他章节所没有的。任意进制是根据人的期望由电路“自动”完成的，这种自动是一种智慧形态，电路如何进化出智慧？这是一个良好的人工智能话题。为了让学生形成知识和技能的有效迁移能力，教师可以以反馈结构为线索介绍智慧的结构，进一步探讨结构和功能的关系，可以引入人工智能的一些结构思想，教师可作为主体补充这个环节，再现科学研究科学发现之过程，作为理想的样板素材影响学生的思维品质。

教学过程如下。

1)设置情景

教师通过图片、动画或视频等媒体方式，如图 9.1 所示，展示一个计数过程(如交通灯递减计数)，展示多种计数应用场景(如秒表、计时器等)，进而归纳计数器的两大应用即计数和计时。

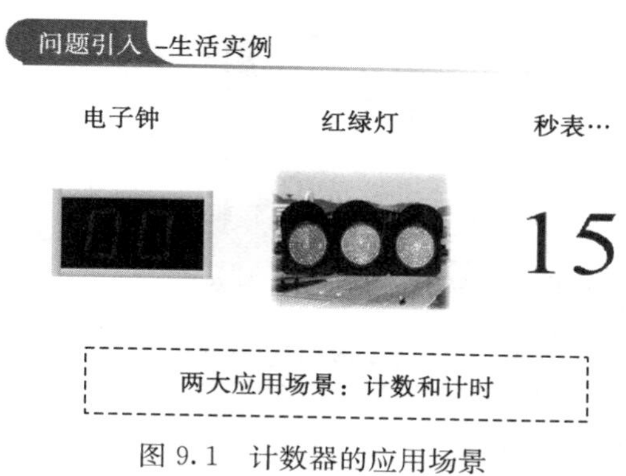

图 9.1　计数器的应用场景

2)导出问题

现实的需求，工程思想：计数器的模及计数的方式是动态变化的，不可能为每一个计数场景开发相应的专有计数芯片，这是不现实的，也不符合构建人类文明节约型社会的要求。如何根据已有计数芯片进行适应性改造以满足特定需要是本节的任务和主题，也是工程实践中的真实场景。

3)设定教学目标

任务驱动型，调动学生积极性，以游戏通关的方式引导学生步步过关。

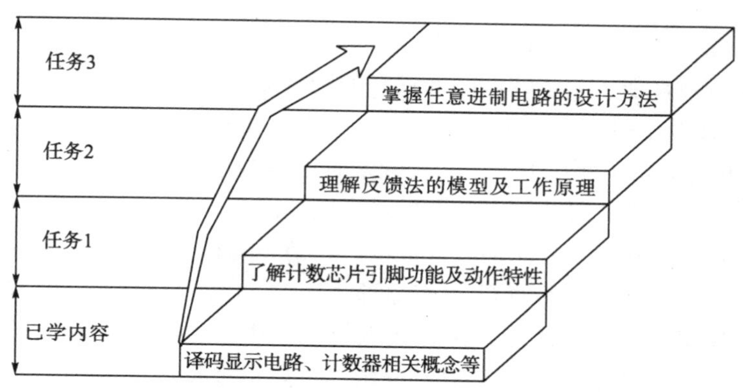

图 9.2　任务通关流程

(1)任务 1。

以 74LS161、74LS191 等芯片为例分析计数芯片的行为特点。例如，74LS192 集成计数器为同步十进制可逆计数器，其引脚排列如图 9.3 所示。

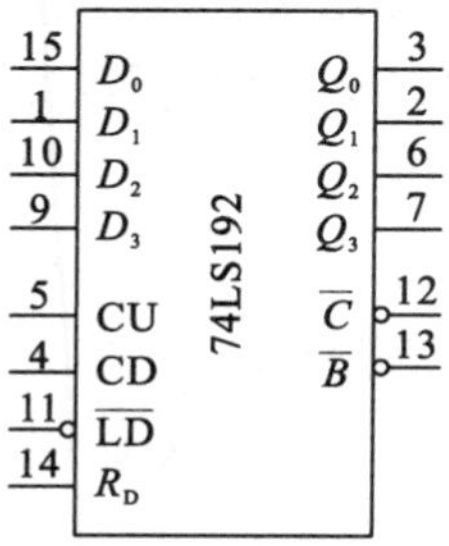

图 9.3　74LS192 逻辑符号

74LS192 每个引脚的定义及其功能表如表 9.2 所示。

表 9.2　74LS192 计数器的功能表

输入								输出			
$\overline{LD}$	R_D	CU	CD	D_0	D_1	D_2	D_3	Q_0	Q_1	Q_2	Q_3
0	0	×	×	d_0	d_1	d_2	d_3	d_0	d_1	d_2	d_3
1	0	↑	1	×	×	×	×	加计数			
1	0	1	↑	×	×	×	×	减计数			
1	0	1	1	×	×	×	×	保持			
x	1	×	×	×	×	×	×	0	0	0	0

在表 9.2 中最重要的是识别同步信号和异步信号，并对动作特点及时序关系进行区别，这对后面构成任意进制的状态个数有直接的影响。

教师活动：提出问题，进制的模的含义是什么？循环中有几个状态就是几进制吗？

异步、同步特性的比较研究如下。

①同步置数功能。同步特性的示意图如图 9.4 所示，当 LD 为低电平时，在 CLK 脉冲上升沿作用下 D 的数据被置入计数器并出现在 Q 端。图中 Q 为状态 4 时，LD 为低电平，但须在下一个时钟到来时才将 Q 设置成 0。

②异步清零功能。异步清零功能的示意图如图 9.5 所示，异步清零端信号一旦出现，不论计数器当前处于何种计数状态，清零动作立即生效。图中当计数状态 Q 出现 4 时 R_D 为 0，并使 Q 状态立即也变为 0，而与时钟 CLK 是否到来无关。同一周期出现了两个状态，这怎么理解呢？由于“R_D”为组合电路，当时输入定输出，所以状态“4”只能存在一瞬间，属于过渡态，而“0”状态才是稳态，才能表达一个计数单位“1”，即占用一个时钟周期。可见，异步方式必须存

在一个无效的过渡态。

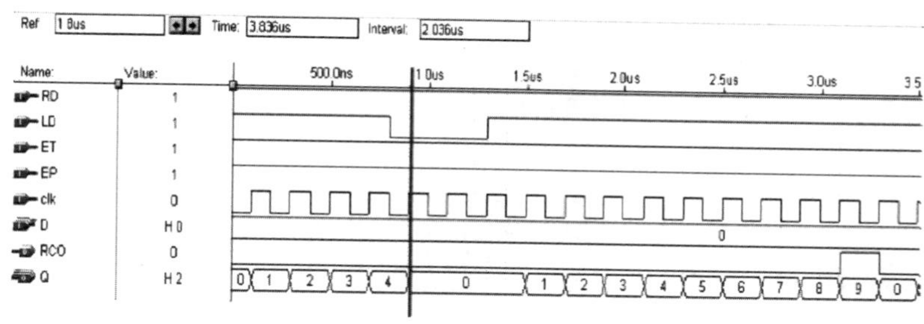

图 9.4　同步置数特性

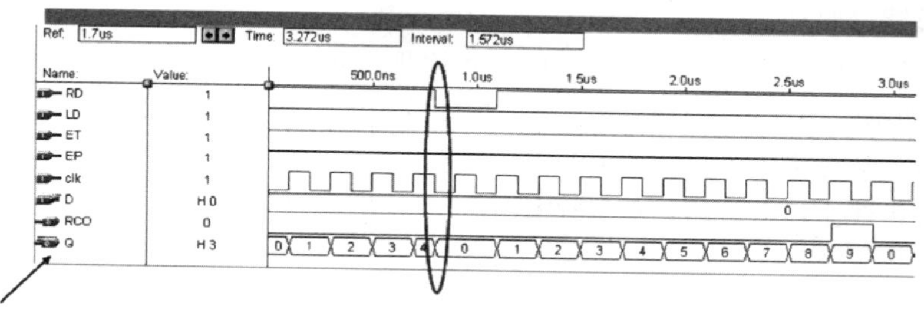

图 9.5　异步清零特性

(2)任务 2。

①理论建模。

教师活动：任意进制改造的方法论原理是什么呢？在行为上表现为电路在适当的状态时计数器改变原来的计数路径强制跳转到一个新的状态上，这个过程出现了智慧的某些特征，因而与原有电路具有本质的不同。首先，计数器具备自我感知能力，能感知到自身计数状态的变化。其次，电路具有基于目标的自我调节能力。如何让电路进化出智慧呢？借鉴逻辑门进化出记忆效应的案例，再一次提出反馈控制的思想，此处建议教师从拟人法、仿生学入手，进而探讨人工智能方法，如神经网络的反向传播算法等。为此，先建立反馈法的思想模型，如图 9.6 所示。

模型的基本思想是，计数器状态实时监视、感知；计数路径强制动态调整。

模型的技术原理是，当计数器计数到某一数值时，由电路产生的置位脉冲或复位脉冲，加到计数器预置数控制端或各个触发器清零端，使计数器恢复到起始状态，从而达到改变计数器模的目的。

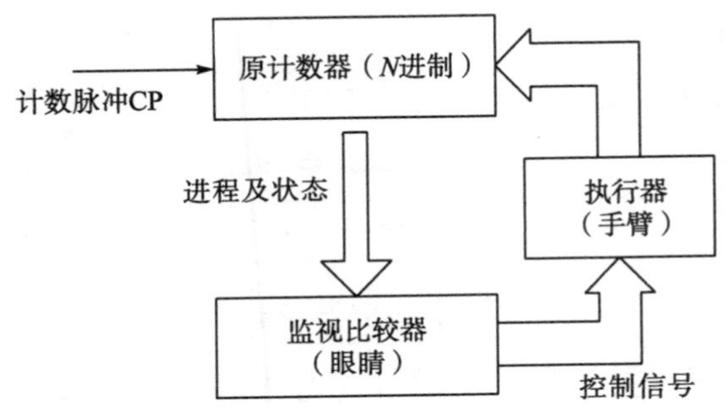

图 9.6 反馈法的控制模型

②反馈法原理。

根据模型的基本思想，反馈法的技术原理可归纳为四个字，即所谓的“拆线搭桥”，如图 9.7 所示。有破才有立，在具体实施时，须明确两点。

拆线：从什么地方打破原有循环。

搭桥：建立什么链路构建新循环。

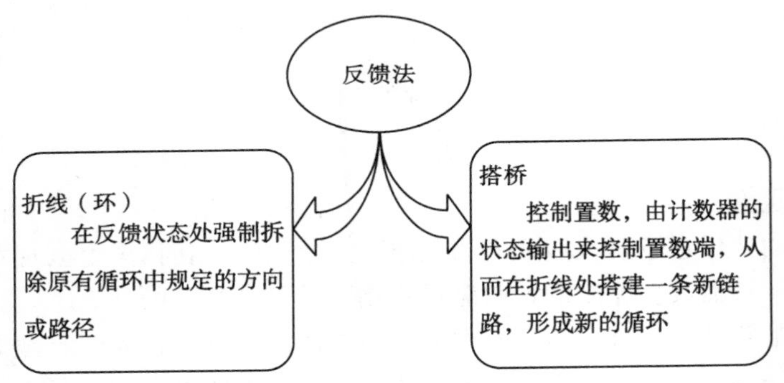

图 9.7 反馈法的技术手法

(3)任务 3。

掌握反馈法的具体设计方法及步骤，下面通过例题进行说明。

【例 9.1】 反馈清零法将十进制 74LS192 芯片改造成六进制计数器。

解 步骤 1：确定目标进制的计数循环，采用了哪些有效的计数状态？

步骤 2：确定反馈逻辑，即用哪个状态通知控制端拆线？

步骤 3：根据反馈表达式连线。

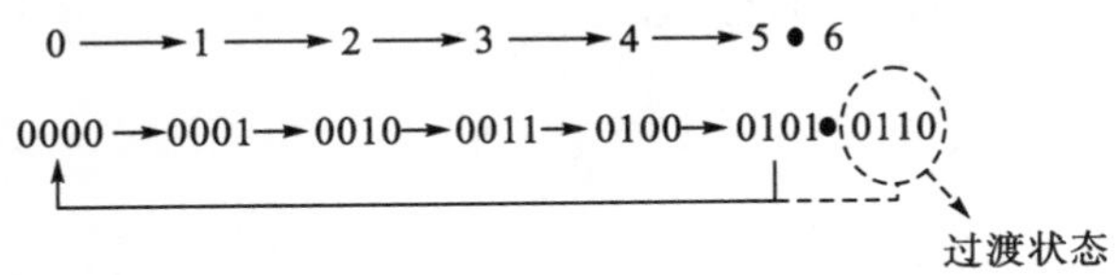

图 9.8 设计步骤

当计数器计到 6 时(状态 6 出现时间极短)，Q_2 和 Q_1 均为 1，使$\overline{R_D}$为 0，计数器立即被强迫回到 0 状态，开始新的循环。计数改造后的电路如图 9.9 所示。

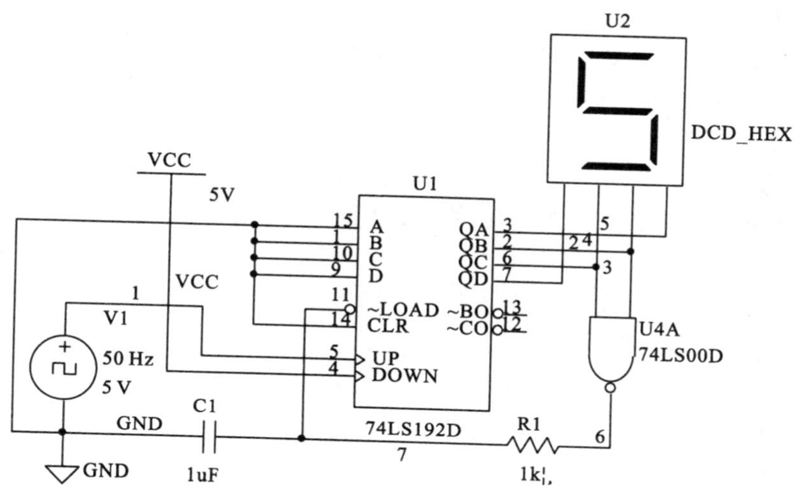

图 9.9　六进制计数器的仿真

教师活动：进一步，由于 74LS192 芯片是可加可减的可逆计数器，教师可启发学生模拟火箭发射场景设计一个 6 秒倒计时电路。

学生活动：自行构思、自行设计、自行仿真。(略)

教师活动：点评，并给出一种参考设计方案，如图 9.10 所示。

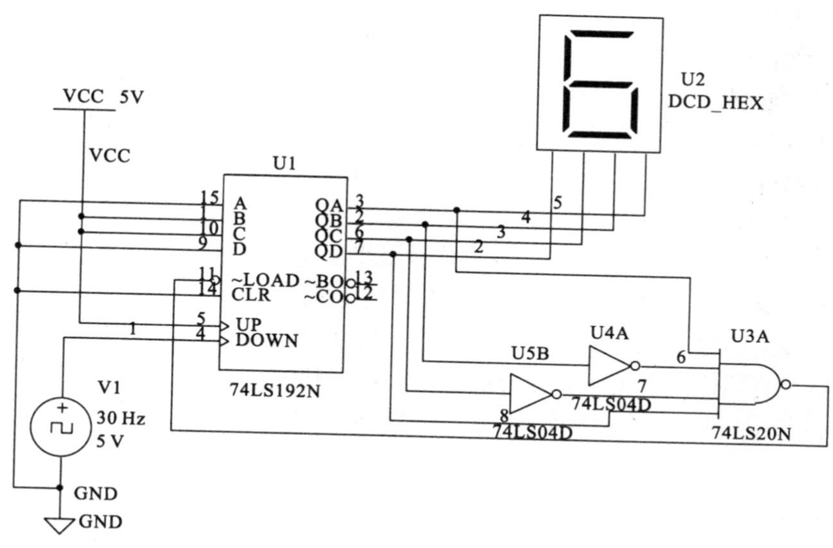

图 9.10　6 秒倒计时的仿真

4)教师寄语

以上为任意进制设计的思想、模型、方法和途径，能够解决一定问题。在工程实际中，任意进制计数器的设计还有很多新颖的、有意思的设计需求，如非零起点的问题、多跳的问题等。希望学生能以本书学到的“拆线搭桥”为后续的学习研究“牵线搭桥”!

【微评】 “拆线搭桥”与“牵线搭桥”是本部分知识“画龙点睛”式的总结，这种排比式的观点呈现可启发学生的理解并得到一种美学享受。

9.3.3 新型任意进制的探索的教学建议

课堂模式：科研、案例教学。

教学目标如下。

(1)方法：科研方法。

(2)观念：工程观。

(3)语言：多跳、非自然循环等。

(4)情感：技术产生价值的威望感，作品欣赏与评价。

教学内容分析如下。

计数器作为最重要的时序部件，应用极其广泛，教师处理本节知识点时一定要基于教材面向工程实践，任意进制的改造需求是多方面的，需要学生去建构、创造一种进制，甚至要突破传统的进制概念。教师合理引导学生进行适当的创新性设计，创新可以思维发散，但须收敛于对进制本质、形式、定义的溯源探究。例如，任意进制的改造对“任意”的需求是多方面的，然而绝大部分教材将“任意”片面解读为“模的任意”，这是不够的。因此，教师在讲授这部分知识时应该首先讨论进制的本质是什么?从本质出发理解在形式上可以有哪些“任意”?然后才是如何实现这些“任意”?

本节知识可以进行探究式教学，教师提出多个来源于工程实践中的具体问题，让学生课下用1～2周时间进行分组讨论研究，包括查阅资料、设计方案、仿真验证甚至搭建实物电路等。让学生相互之间评价并打分，按功能最完善奖、思路最新颖奖等选出最优秀最有创意的作品，回到课堂上后，给每个获奖组5～10分钟的答辩宣讲时间，锻炼学生在知识技能、语言、方法与情感(作品立意)的思维品质，并形成相互的榜样效应，搞活课堂形式及课堂气氛。

教学过程如下。

1)设置创新情境

教师通过图片、动画或视频等媒体方式，展示一些新型计数过程及计数场景。

2)发现有研究价值的问题

从新型应用回归到计数本质，从原点出发进行二次创新。

学生活动：自由畅想新型计数的需求、应用。(略)

教师活动：利用集成计数器构建任意进制计数器在数字系统中应用广泛，教材中往往只介绍最基本的原理，离实际应用尚有一段距离，为了拓展学生思维及技能，可以对教材方法进行总结、反思及发散。例如，已有设计方法的特点是采用一次置数，且中规模计数器芯片计数时都是按照自然顺序规律进行计数的。以74LS161芯片为例，其计数规律如图9.11所示。

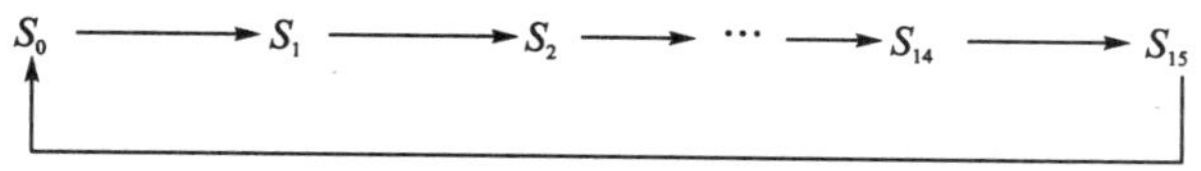

图9.11　74LS161的计数循环

然而，在实际应用中，还存在按非自然顺序等其他类型的特殊计数器。对特殊计数器教材中介绍的普通置数法和复位法是很难实现的。因此，探索多跳、计数状态不连续、非自然循环等设计思想有助于学生更深刻地掌握进制的本质、计数器的设计方法、创新设计思维[10,11]。基于此，提出以下工程及科研中可能会涉及的特种计数问题，如图9.12所示。

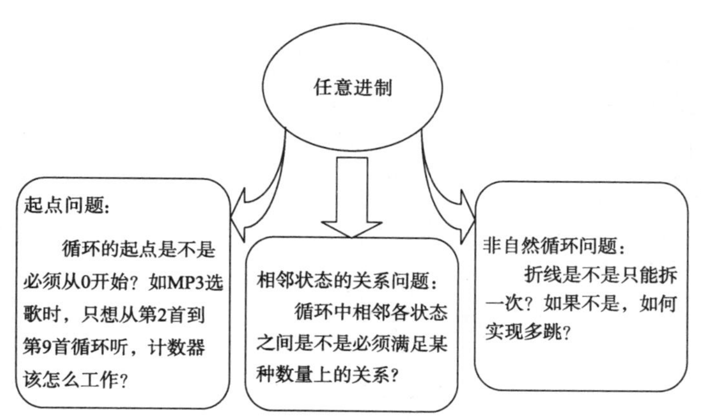

图9.12　特殊计数器的循环方式问题

在自然循环中实现非自然循环，其关键是能实现多次触发跳转。触发信号与计数状态满足组合逻辑关系，即可用真值表构造组合逻辑电路实现多次置数。

假设利用M进制计数器来设计N进制计数器，且$M<N$，置数信号为同步信号$\overline{L_D}$，可利用多次反馈置数法实现不连续的计数状态。

图9.13中采用了3次置数法，第一次用状态S_0作为置数触发信号，跳转至状态S_4，跳过了S_1、S_2、S_3三个状态。第二次用状态S_8作为置数触发信号，

置数输入值为状态 S_{12} 所对应的数码实现第二次跳转。当状态运行到 S_{14} 时再一次跳到状态 S_0。可见，该计数循环为非自然顺序循环，通过多次置数法来实现其关键是置数触发信号和置数值的确定。当计数器运行至状态 S_0(0000)时，预置数 $D_3D_2D_1D_0$ 设置为状态 S_4 对应的数码，即 0100，并同时产生一个同步置数信号 $\overline{L_D}=0$，根据同步置数的原理在下一个计数脉冲到来时计数器输出状态 S_4，即 $Q_3Q_2Q_1Q_0=0100$。同理，在状态 S_8(1000)预置数为 S_{12}，即 $D_3D_2D_1D_0=1100$，同时也产生一个置数信号 $\overline{L_D}=0$，则下一个脉冲到来时计数器将输出状态 S_{12}。以此类推。

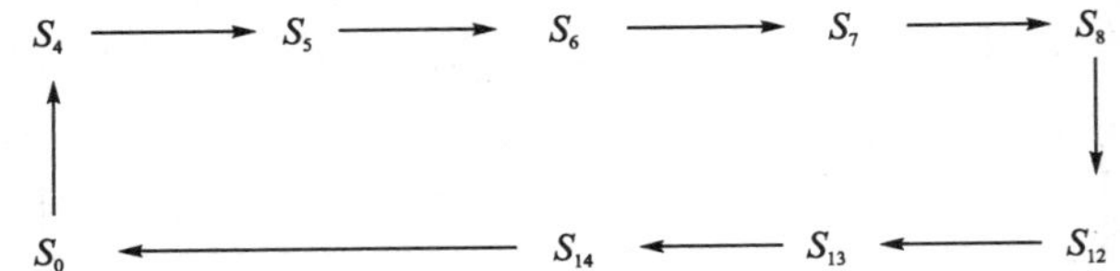

图 9.13 计数状态不连续变化的 N 进制计数器的状态转换图

学生活动：请根据以上案例，总结出非自然循环计数器的设计要点。

教师活动：与学生一起罗列如下步骤。

(1)分析出非自然顺序循环的跳变次数及跳变方向。

(2)根据跳变规律，建立计数器芯片的输出端 $Q_3Q_2Q_1Q_0$ 与同步预置数端 $\overline{L_D}$ 以及对应 $D_3D_2D_1D_0$ 的真值表。

(3)设计关于置数信号 $\overline{L_D}$ 的组合逻辑电路，连线。

例如，采用 74LS161 实现上述循环，步骤如下。

(1)循环中跳变了三次，分别是 S_0 跳到 S_4、S_8 跳到 S_{12}，以及 S_{14} 跳到 S_0。

(2)建立计数器 $Q_3Q_2Q_1Q_0$ 与 $\overline{L_D}$ 的逻辑关系，即在状态 S_0、S_8、S_{14} 处都须产生一个置数信号 $\overline{L_D}=0$，而循环中出现的其余状态不置数，未在循环中出现的状态作无关项处理。如图 9.14 所示，可得 $\overline{L_D}=\overline{\overline{Q_2}+Q_3Q_1\overline{Q_0}}=Q_2\,\overline{Q_3Q_1\overline{Q_0}}$。

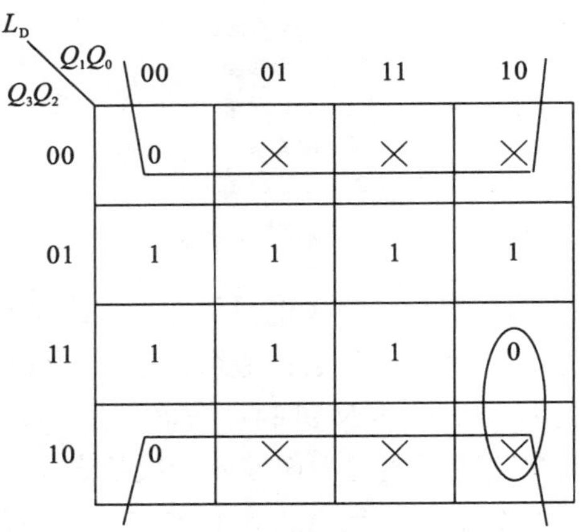

图 9.14 卡诺图化简 L_D

接下来，建立 $Q_3Q_2Q_1Q_0$ 与 $D_3D_2D_1D_0$ 间的逻辑关系，如 S_0 时预置数 $D_3D_2D_1D_0$ 为 $S_4(0100)$，以此类推得真值表如表 9.3 所示。

表 9.3　真值表

$Q_3Q_2Q_1Q_0$	$D_3D_2D_1D_0$
0 0 0 0	0 1 0 0
1 0 0 0	1 1 0 0
1 1 1 0	0 0 0 0

为分别得到 D_3、D_2、D_1、D_0 的表达式，可采用观察法或卡诺图。根据真值表，D_1 与 D_0 在三次跳变中保持不变，即都为 0 态，可将 D_1 与 D_0 置零或接地。D_2 在三次跳变中均与 Q_2 的状态相反，即 $D_2=\overline{Q_2}$，因此可将 D_2 直接接 $\overline{Q_2}$。而 D_3 没有明显规律，画出卡诺图如图 9.15 所示。

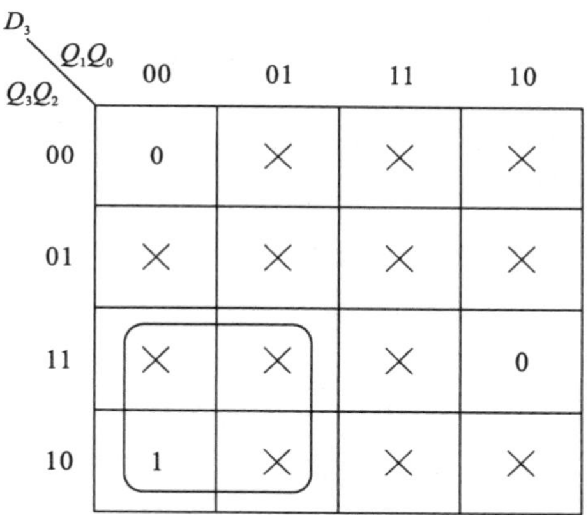

图 9.15　卡诺图化简 D_3

根据图 9.15 可得：$D_3=Q_3\overline{Q_1}$。

(3)触发逻辑设计：令 $\overline{L_D}=Q_2\cdot\overline{Q_3Q_1\overline{Q_0}}$，$D_3=Q_3\overline{Q_1}$，$D_2=\overline{Q_2}$，$D_1=D_0=0$，多次置数跳转的触发逻辑电路如图 9.16 所示。

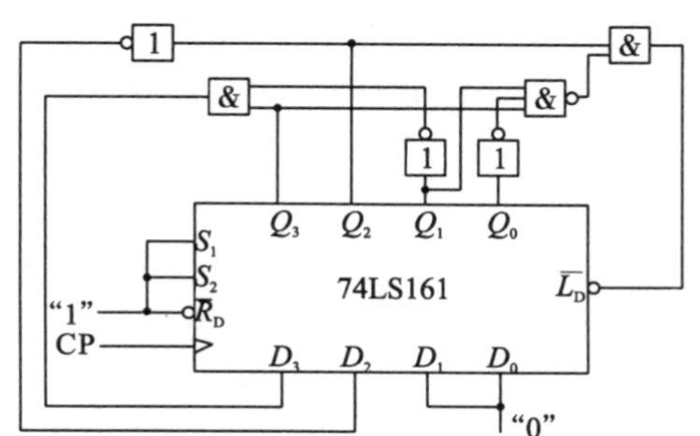

图 9.16　多次置数跳转的触发逻辑电路

(4)仿真验证。在 Multisim 仿真软件上画出原理图并进行仿真，如图 9.17 所示。

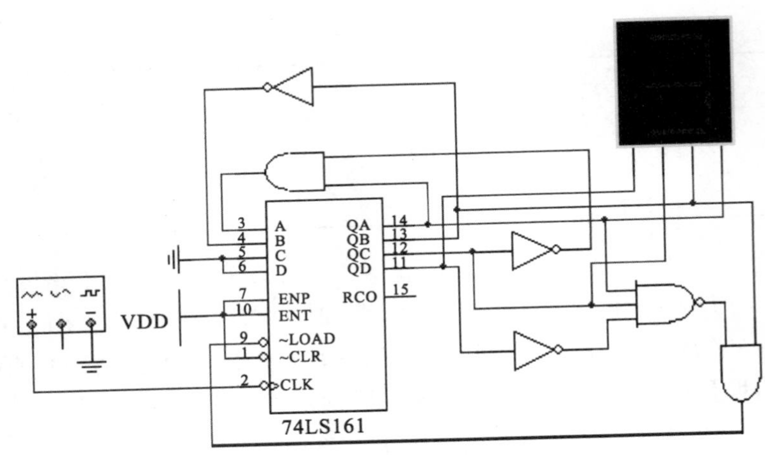

图 9.17　多次置数跳转的仿真结果

学生活动：学生分组讨论，思维发散，任意构思可表达 9 进制的计数循环，例如一种状态转换图如图 9.18 所示。

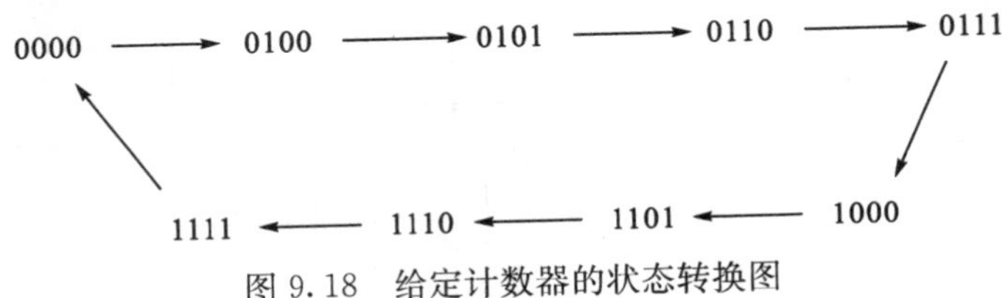

图 9.18　给定计数器的状态转换图

教师活动：思路引导。根据学生提出的如图 9.18 所示状态转换图，分析可见其状态出现两次跳跃，即从状态 0000 到 0100 和 1000 到 1101，考虑到 74LS161 的功能特点及设计要求，只能采用反馈置数法进行设计。综合分析两次置数控制信号可见，置数控制端的控制表达式为 $L_D=Q_2$，置数值分别为 $DCBA=0100$ 和 $DCBA=1101$，对比前后两次所置的数，可见 $B=0$，$C=1$，为常数。而 A，D 前后两次置数值不同，不能用常数 1 或者 0 来给定，分析置数前后的计数状态，可见令 $A=D=Q_3$，即可同时满足两次置数的要求。

学生活动：学生分组设计。根据 74LS161 芯片的控制特点，各小组自行构思、自行设计、自行仿真。

教师活动：作品欣赏与点评。可以让小组间互评，也可请优秀小组代表在课堂上进行作品宣讲，同学点评。同时，教师提供一种参考设计方案，可用 74LS161 和适当的门电路进行实现，如图 9.19 所示。

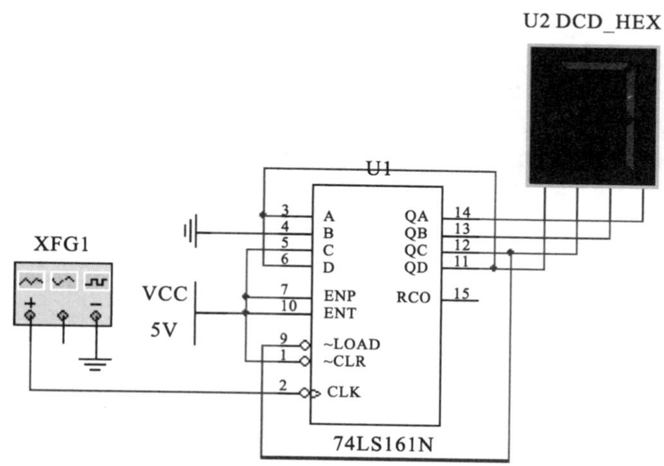

图 9.19　采用 2 次置数法设计的 9 进制计数器

【微评】　通过对新型任意进制的科研探索，拓展了教材相关内容的深度和广度，有效实现了对学生思维方式的塑造和建构，不仅增强了学生解决工程实际问题的能力，获得技术产生价值的成就感，而且增强了学生对数字电子技术领域及产业的认同感和使命感。

本篇小结

本篇通过数字电子技术 4 个核心单元的教学案例展示，抛砖引玉，旨在启发读者及同行思考，如何在教与学中科学地、艺术地挖掘重点知识、隐形知识。本篇教学案例均以达成学生思维要素的建构为目标，通过将知识点与认知目标联动，通过教学手法的灵活组合，使教学目标与目标达成度更容易观测和度量，以期将“以学生为中心”的教学理念落地！

参考文献

[1] 猪饲国夫，本多中二. 数字系统设计[M]. 徐雅珍，译. 北京：科学出版社，2004.

[2] 吴志荣. 哲学视野下的数字信息——兼论信息的本体论地位[J]. 图书情报工作，2008，52(2)：96.

[3] 吴志荣. 数字信息引发的哲学震荡[J]. 上海师范大学学报(哲学社会科学版)，2007，36(5)：111-115.

[4] 唐明. 认识简单与统一之美——数字逻辑课程教改谈[J]. 计算机教育，2013，(2)：24-26.

[5] 张磊，刘元勋. 数字电子技术教学中教学方法的探讨[J]. 实验技术与管理，2007，24(1)：118-122.

[6] 盛国荣，葛莉. 数字时代的技术认知——保罗·莱文森技术哲学思想解析[J]. 科学技术哲学研究，2012，29(4)：58-63.

[7] 隋然. 自然语言与逻辑语言：人脑与电脑[J]. 首都师范大学学报：社会科学版，2006，(S3)：1-7.

[8] 顾建军，段青. 通用技术教学研究与案例[M]. 北京：高等教育出版社，2007.

[9] 荀亚男.《数字电路》中的难点——触发器的分析与突破[J]. 四川省干部函授学院学报，2011，(3)：106-108.

[10] 胡菊芳，熊春知. 基于MSI的非自然顺序循环的任意进制计数器的设计[J]. 新余高专学报，2004，9(5)：23-24.

[11] 林涛，巨永锋. 任意进制计数器设计方法[J]. 现代电子技术，2008，31(15)：166-167.

[12] 闫石. 数字电子技术基础[M]. 北京：高等教育出版社，1998.